GB/T 21534—2021
《节约用水　术语》释义

张玉博　白雪　张继群　白岩 等◎著

中国质量标准出版传媒有限公司
中　国　标　准　出　版　社

北　京

图书在版编目（CIP）数据

GB/T 21534—2021《节约用水　术语》释义 / 张玉博等著. —北京：中国标准出版社，2022.11
ISBN 978-7-5066-9929-7

Ⅰ. ① G…　Ⅱ. ①张…　Ⅲ. ①节约用水—名词术语—国家标准—中国　Ⅳ. ① TU991.64-61

中国版本图书馆 CIP 数据核字（2022）第 082295 号

中国质量标准出版传媒有限公司
中　国　标　准　出　版　社　出版发行

北京市朝阳区和平里西街甲 2 号（100029）
北京市西城区三里河北街 16 号（100045）
网址：www.spc.net.cn
总编室：（010）68533533　发行中心：（010）51780238
读者服务部：（010）68523946
北京建宏印刷有限公司印刷
各地新华书店经销
*
开本 880×1230　1/32　印张 4.75　字数 88 千字
2022 年 11 月第一版　2022 年 11 月第一次印刷
*
定价　25.00 元

著书人员

主要著者：

张玉博（中国标准化研究院）

白　雪（中国标准化研究院）

张继群（水利部节约用水促进中心）

白　岩（中国标准化研究院）

参与著者（按姓氏汉语拼音排序）**：**

蔡　榕（中国标准化研究院）

陈　卓（清华大学）

侯　姗（中国标准化研究院）

胡洪营（清华大学）

胡梦婷（中国标准化研究院）

刘　静（中国标准化研究院）

宋兰合（中国城市规划设计研究院）

吴玉芹（中国灌溉排水发展中心）

张　岚（中国标准化研究院）

张　蕊（中国标准化研究院）

赵春红（水利部节约用水促进中心）

朱春雁（中国标准化研究院）

序

水是人类生存与发展不可替代的自然资源，也是生态与环境的基本要素。节约用水，是高质量发展的必然要求，是我国长期坚持的一项国策，也是社会文明的重要体现。中华民族崇尚节俭，我国现存最早的水利管理法规——唐代《水部式》，就对水资源的节约保护作出了规定。在生产力水平不发达时期，节约用水的要求并不紧迫。中华人民共和国成立后，为保障民生和经济社会发展，开发利用水资源一直是政府工作的重点。改革开放以来，随着人口增加、工业发展和城市化进程加快，水资源短缺和水污染问题凸显，节约保护水资源、实现水资源的可持续利用成为我国改革发展的重大课题。2014年，习近平总书记提出新时期治水思路，要求始终坚持并严格落实节水优先方针。2019年，国家发展改革委、水利部联合印发《国家节水行动方案》（发改环资规〔2019〕695号），大力推动全社会节水，保障国家水安全。2021年，即“十四五”规划开局之年，国家发展改革委、水利部等多部门联合印发《“十四五”节水型社会建设规划》（发改环资

〔2021〕1516号），具体部署了“十四五”时期的节水工作。

为了适应节约用水和水资源保护、利用等工作的需求，全国节水标准化技术委员会（SAC/TC 422）组织编写了GB/T 21534—2021《节约用水　术语》。该标准涉及宏观管理和微观指标，兼顾了不同专业领域节水工作的需求，以及与相关标准的衔接。特别是，为适应新时期水资源管理政策，该标准适当修正了部分术语的定义。该标准的实施，对现阶段节水工作无疑会形成极大的推动力。本书作为GB/T 21534—2021的补充说明，可以帮助广大读者更好地理解术语的含义和边界，指导相关用水管理和节水评价等工作，促进水资源管理向精细化转变、向高质量发展。

高而坤

2022年6月26日　于北京

前言

水资源是人类生存和发展的基础，是经济社会可持续发展的重要物质保障。自20世纪80年代以来，我国水资源问题日益凸显，传统的水资源开发利用方式难以保障经济社会可持续发展，建设节水型社会成为保障国家水安全的必然选择和根本出路。2014年，习近平总书记提出“节水优先、空间均衡、系统治理、两手发力”的新时期治水思路。2017年，党的十九大报告提出“实施国家节水行动”。

20世纪80年代末，我国着手开展节水标准化工作，发布了水平衡测试、工业循环水处理、污水再生利用、取水定额等方面的标准。为了解决这一时期遇到的基础术语使用混乱、术语解释互相矛盾等问题，原全国工业节水标准化技术委员会组织起草了GB/T 21534—2008《工业用水节水　术语》，对工业领域节水方面的术语进行了汇总和梳理，给出了统一的定义。该标准是我国节水领域第一部术语国家标准，在规范术语引用、明确水计量边界和统计计算方法等方面发挥了重要作用，为工业节水标准化工作奠定了基础，促进了工业节水科学管理和技术进步，有力地推动了节水工作的开展。

在党中央、国务院的高度重视下，节水标准化工作不断取得进展。2016年，国家发展改革委、水利部等多部门联合印发《全民节水行动计划》（发改环资〔2016〕2259号），提出“健全节水标准体系，严格用水定额和计划管理，强化行业和产品用水强度控制”。2019年，国家发展改革委、水利部等多部门联合印发《国家节水行动方案》（发改环资规〔2019〕695号），提出“到2035年，形成健全的节水政策法规体系和标准体系”。然而，与当前节水标准化工作要求不适应的是节水术语标准化方面的问题。尤其是农业生产用水和生活用水领域的术语，分散在相关行业的标准或文献中，一些术语在不同行业中的名称相似，但含义相去甚远，或同一术语在不同语境的内涵不同，或不同术语在不同行业中表达相同的含义。这些问题影响和限制了节水工作的进展。另外，近年来在节水实践中还形成了一些新的节水技术和管理方法。因此，全国节水标准化技术委员会（SAC/TC 442）提出对GB/T 21534—2008进行修订。经国家标准委批准，相关的组织准备和修订程序于2019年启动。2021年第17号国家标准公告批准发布GB/T 21534—2021《节约用水　术语》，并自2022年7月1日起实施。

本书介绍了GB/T 21534—2021的主要内容，对比GB/T 21534—2008，阐述了修订变化，对收录的术语进行了详细释义。本书可供各级水资源管理部门、行业管理机构、节水检测机构以及相关生产经营单位中从事节水管理、研究、咨询、和检测等工作的人员参考使用。由于作者水平有限，书中难免存在疏漏和不当之处，敬请同行和读者批评指正。

著者

2022年3月

目录

第一章

GB/T 21534—2021《节约用水　术语》的主要内容

GB/T 21534—2021《节约用水　术语》界定了与节约用水相关的水源、生产用水、生活用水、节水灌溉、节水管理和节水指标方面的术语，适用于生产和生活领域的节约用水工作。该标准共收录102条节约用水术语，见表1-1。

表1-1　术语列表

分类名称	数量	术语名称
水源	6	水源、常规水源、非常规水源、再生水、矿井水、苦咸水
生产用水	16	工艺用水、洗涤用水、锅炉补给水、软化水、除盐水、蒸汽冷凝水、串联水、循环水、冷却水、直接冷却水、间接冷却水、直流冷却水、循环冷却水、回用水、损失水、水厂自用水
生活用水	3	灰水、居民生活用水、公共生活用水
节水灌溉	21	灌溉用水、节水灌溉、高效节水灌溉、微灌、喷灌、管道输水灌溉、水肥一体化灌溉、改进地面灌溉、水稻控制灌溉、灌区、作物需水量、灌水定额、灌溉定额、灌溉制度、灌溉用水定额、作物水分生产率、渠系水利用系数、田间水利用系数、农田灌溉水有效利用系数、节水灌溉率、高效节水灌溉率
节水管理	21	节约用水、计划用水管理、节水设施“三同时”制度、累进制水价、合同节水管理、水效标识、节水产品认证、节水型社会、节水型城市、节水载体、节水评价、节水型器具、节水潜力、节水管理绩效、城镇公共供水、用水计量、水平衡测试、用水审计、水系统集成优化、水效对标、用水单元

续表

分类名称	数量	术语名称
节水指标	35	用水效率、取水量、常规水源取水量、用水量、串联水量、循环水量、循环冷却水补充水量、循环冷却水排污水量、锅炉排污水量、排水量、外排水量、耗水量、重复利用水量、冷凝水回用量、冷凝水回收量、回用水量、供水管网漏损水量、节水量、项目减排水量、单位产品取水量、万元 GDP 用水量、万元工业增加值用水量、取水定额、计划用水率、工业用水重复利用率、节水器具普及率、用水计量率、循环利用率、冷凝水回用率、冷凝水回收率、产水率、工业废水回用率、浓缩倍数、供水管网综合漏损率、城市污水再生利用率

为了保证与其他标准、政策文件的有效衔接，GB/T 21534—2021 中术语的定义充分参考和借鉴了已有的标准、文件、书籍等资料中的用法和解释，并广泛咨询了专家意见。此次标准修订，突破性地重新确定了取水量、用水量、重复利用水量、取水定额等术语的边界，还首次定义了水厂自用水、计划用水管理、节水评价、城市污水再生利用率等术语。

第二章

GB/T 21534—2021与GB/T 21354—2008的比较

GB/T 21534—2021《节约用水 术语》与GB/T 21534—2008《工业用水节水 术语》相比，一是扩大了适用范围，二是兼顾了不同领域的需求，三是规范了部分术语的名称、概念、内涵或边界，四是重新划分了术语分类章节。

一、扩大适用范围

GB/T 21534—2008规定了工业用水和节水的术语，适用于工业用水和节水的宏观管理、计量统计、企业的生产活动、技术研究等工作。GB/T 21534—2021界定了节约用水相关的水源、生产用水、生活用水、节水灌溉、节水管理和节水指标方面的术语，适用于生产和生活领域的节约用水工作。

GB/T 21534—2021与GB/T 21534—2008的适用范围对比如图2-1所示。

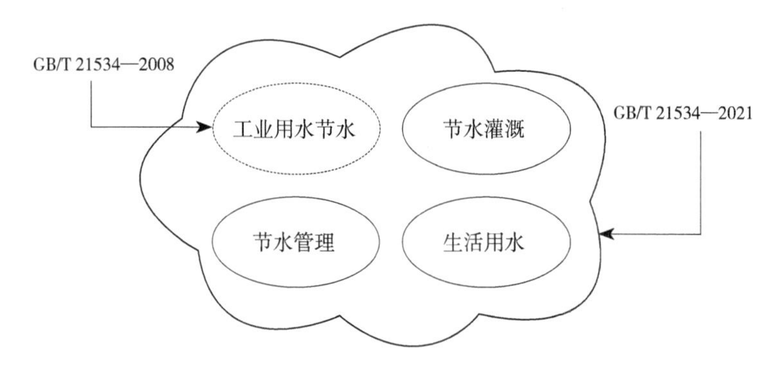

图2-1 GB/T 21534—2021与GB/T 21534—2008的适用范围对比

二、兼顾不同领域的需求

1.增补词条

（1）增加了与工业生产用水相关的部分术语：损失水、水厂自用水。

（2）增加了与生活用水相关的术语：灰水、居民生活用水、公共生活用水。

（3）增加了与农业生产用水相关的术语：灌溉用水、节水灌溉、高效节水灌溉、微灌、喷灌、管道输水灌溉、水肥一体化灌溉、改进地面灌溉、水稻控制灌溉、灌区、作物需水量、灌水定额、灌溉定额、灌溉制度、灌溉用水定额、作物水分生产率、渠系水利用系数、田间水利用系数、农田灌溉水有效利用系数、节水灌溉率、高效节水灌溉率。

（4）增加了与节水管理相关的部分术语：节约用水、计划用水管理、节水设施“三同时”制度、累进制水价、合同节水管理、水效标识、节水型社会、节水型城市、节水载体、节水评价、节水型器具、节水管理绩效、城镇公共供水、用水计量、水平衡测试、用水审计、水系统集成优化、水效对标、用水单元。

（5）增加了与节水指标相关的部分术语：供水管网漏损水量、节水量、项目减排水量、万元GDP用水量、万元工业增加值用水量、计划用水率、节水器具普及率、用水计量率、产水率、供水管网综合漏损率、城市污水再生利用率。

2.删减词条

（1）删除了与水源相关的部分术语：地表水、地下水。

（2）删除了与用水类别相关的部分术语：原水、蒸汽、产品用水、除尘水、冲渣（灰）水、锅炉用水、锅炉排污水、工业污水、工业废水、工业排水。

（3）删除了与水量和评价指标相关的部分术语：非常规水资源取水量、主要生产用水量、辅助生产用水量、附属生产用水量、居民生活用水量、漏失水量、外购水量、外供水量、新水量、工艺用水量、自用水量、万元产值取水量、漏失率、排水率、达标排放率（废水达标率）、水表计量率、水计量器具配备率。

（4）删除了与工艺和设备相关的术语：给水系统、给水处理系统、直流式用水系统、回用水系统、串联水系统、直流冷却水系统、循环冷却水系统、直接冷却循环水系统、间接冷却循环水系统、敞开式循环冷却水系统、密闭式循环冷却水系统、干式空气冷却、湿式空气冷却、空气冷却、汽化冷却、排水系统、污水处理回用系统、污水再生利用、循环水系统、无水生产、零排放、分质供水、干排渣技术（气力除灰）、海水利用、污水处理、污水一级处理、污水二级处理、污水三级处理、深度处理、给水处理、雨水积蓄利用。

（5）删除了与节水管理相关的部分术语：工业节水、用水效益、节水技术、节水（型）企业、节水（型）产品、取水许可、污水资源化、水网络集成、企业水平衡。

三、规范部分术语的名称、概念、内涵或边界

GB/T 21534—2021进一步规范了部分术语的名称、概念、内涵或边界。例如，将“用水量”分为用水单位的用水量和区域的用水量，用水单位的用水量指取水量与重复利用水量之和，区域的用水量指取用的包括输水损失在内的水量。此外，“重复利用水量”“回用水量”等术语的定义有所更改，调整前后的差别详见第三章。

四、重新划分术语分类章节

GB/T 21534—2021优化了GB/T 21534—2008的术语分类方法，采用“水源—用水类别—综合管理—量化指标”的环节维度对术语进行分类。其中，用水类别包括“生产用水”和“生活用水”两个章节；与综合管理相关的术语囊括在“节水管理”章节，涉及现阶段宏观的用水和节水管理中常用的术语；节水工作涉及的量化指标归类于“节水指标”章节，包括了宏观和微观范畴的水量指标、效率指标、定额指标等。由于农业灌溉涉及的节水术语可能与其他行业的定义角度不同，为了保持这些术语定义的独立性，避免在与其他领域词条混编时引起困惑和歧义，相关术语全部放在了“节

水灌溉”章节。GB/T 21534—2021更加强调用水类别、综合管理、量化指标等影响节水计量、统计、评价的术语，减少了工艺和设备术语的占比，因此，GB/T 21534—2008中的第6章“工艺和设备”不再保留。

GB/T 21534—2021与GB/T 21534—2008正文章节划分对比见表2-1。

表2-1　GB/T 21534—2021与GB/T 21534—2008正文章节划分对比

标准编号	GB/T 21534—2021	GB/T 21534—2008
具体章节	1　范围	1　范围
	2　规范性引用文件	2　水源
	3　水源	3　用水类别
	4　生产用水	4　水量
	5　生活用水	5　评价指标
	6　节水灌溉	6　工艺和设备
	7　节水管理	7　综合与管理
	8　节水指标	

第三章

术语释义

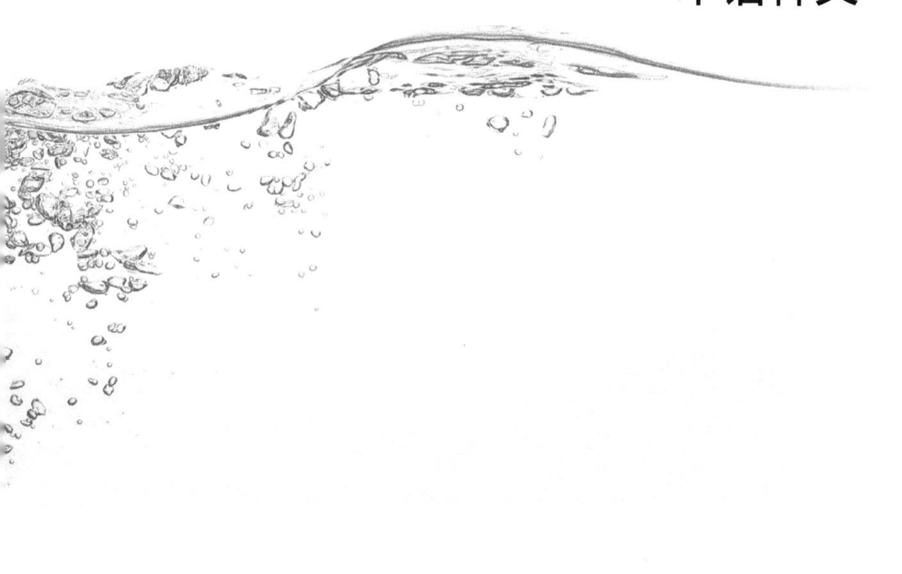

第一节　水源

【标准条文】

3.1

水源　water sources

能够获得且能为经济社会发展利用的水。

注：包括常规水源和非常规水源。

3.2

常规水源　conventional water sources

陆地上能够得到且能自然水循环不断得到更新的淡水。

注：一般包括地表水源和地下水源。

3.3

非常规水源　unconventional water sources

矿井水、雨水、海水、再生水和矿化度大于2 g/L的咸水的总称。

【条文释义】

在自然资源、环境、经济、社会构成的开放复合系统中，水资源是最基本最活跃的要素，与人、与生产、与经济、与社会可持续发展之间互馈影响、相互钳制。水资源经由水源、供水、用水和排水环节，实现开发利用。水源的选择应依据用水环节的水量和水质需求，同时设置供水和排水机能。

在我国的水资源管理早期，水源通常指代饮用水水源，出现在“供水水源”“水源地保护”“水源涵养林”“应急水源”“水源污染”等词汇中。当时的水源仅指淡水，包括地表水和地下水，地表水包括江河、湖泊、水库，地下水按照埋藏条件分为包气带水、潜水和承压水。

为满足经济社会发展需求、缓解水资源短缺压力，基于现有水处理技术水平，我国要求将非常规水源纳入水资源统一配置，并进一步加强和规范非常规水源统计工作。《水利部办公厅关于进一步加强和规范非常规水源统计工作的通知》（办节约〔2019〕241号）中指出，非常规水源是经处理后可以利用或在一定条件下可直接利用的再生水、集蓄雨水、淡化海水、微咸水、矿坑水等。非常规水源主要配置于工业用水、生态环境用水、城市杂用水和农业用水。相关指标将用于节约用水领域相关监督考核和统计、最严格水资源管理制度考核以及水资源公报编报工作。

因此，我国现阶段水源的范畴包括常规水源和非常规水源两部分。其中，常规水源基本沿用了GB/T 21534—2008中的概念，即“陆地上能够得到且能自然水循环不断得到更新的淡水”，一般包括地表水源和地下水源。广义的非常规水源涵盖常规水源以外的一切其他水源，GB/T 21534—2021定义了当前能够规范利用和管理的非常规水源类型，即矿井水、雨水、海水、再生水和矿化度大于2 g/L的咸水等。在此基础上，GB/T 21534—2021给出了水源的定义，即在现有经济社会技术条件下，“能够获得且能为经济社会发展利用的水”。

关于术语表述的说明：

关于非常规水源的表述，水利部门习惯使用“非常规水源”“非常规水资源”，住建部门习惯使用“非传统水源”，实际上三者内涵并无本质区别。GB/T 21534—2021将其表述统一为“非常规水源”。《水利部关于非常规水源纳入水资源统一配置的指导意见》（水资源〔2017〕274号）、水利部新“三定”（定职能、定机构、定编制）中均采用“非常规水源”的表述。另外，“水资源”强调水的资源属性，更适合用在资源利用与管理的语境中；“水源”是（节约）用水的前置环节，含“来源”之意，同时表明水的存在形式或地域，更适合用于表达节约用水工作中的“水的来源”的语义。

【标准条文】

3.4

再生水　reclaimed water

经过处理后，满足某种用途的水质标准和要求，可以再次利用的污（废）水。

【条文释义】

再生水指污（废）水经过处理后，满足某种用途的水质标准和要求，可以再次利用的水。污（废）水是在生产与生活活动中排放的水的总称，包括生活污水、工业废水、农业污水、被污染的雨水等。

随着污（废）水处理由污染防治向再生利用的思路转变，再生水利用已成为缓解水资源短缺的有效措施，是“城市第二水源”。《国家节水行动方案》（发改环资规〔2019〕695号）中要求“城市生态景观、工业生产、城市绿化、道路清扫、车辆冲洗和建筑施工等，应当优先使用再生水……洗车、高尔夫球场、人工滑雪场等特种行业积极推广循环用水技术、设备与工艺，优先利用再生水、雨水等非常规水源”。国家发展改革委等十部委联合印发的《关于推进污水资源化利用的指导意见》（发改环资〔2021〕13号）中提出将再生水纳入水资源统一配置，合理布局再生水利用基础设施和管网，将再生水纳入城市供水体系，到2025年，我国缺水城市污水再生利用率达到25%以上，京津冀地区达到35%以上；到2035年，形成系统、安全、环保、经济的污水资源化利用格局。《“十四五”节水型社会建设规划》（发改环资〔2021〕1516号）中提出缺水地区新建城区要提前规划布局再生水管网等设施，“到2025年，全国地级及以上缺水城市再生水利用率超过25%”。《“十四五”城镇污水处理及资源化利用发展规划》（发改环资〔2021〕827号）中提出“‘十四五’期间，新建、改建和扩建再生水生产能力不少于1500万立方米/日”。

目前，我国再生水主要用于工业生产和景观环境，占再生水利用量的80%以上，其他应用场景包括城市杂用、绿地灌溉和农田灌溉等。不同用途的再生水执行不同的水质标准（见表3-1）。

表 3-1　现行城市污水再生利用标准及其适用范围

序号	标准编号	标准名称	适用范围
1	GB/T 18919—2002	城市污水再生利用分类	为城市污水再生利用工程设计和管理、相关水质标准制定提供依据
2	GB/T 18920—2020	城市污水再生利用城市杂用水水质	用于冲厕、车辆冲洗、城市绿化、道路清扫、消防、建筑施工等
3	GB/T 18921—2019	城市污水再生利用景观环境用水水质	用于营造和维持景观水体、湿地环境和各种水景构筑物
4	GB/T 19772—2005	城市污水再生利用地下水回灌水质	用于在地下水饮用水源保护区外，以非饮用为目的的地下水回灌
5	GB/T 19923—2005	城市污水再生利用工业用水水质	作为工业用水，包括冷却用水、洗涤用水、锅炉用水、工艺用水和产品用水
6	GB 20922—2007	城市污水再生利用农田灌溉用水水质	补充作物生长所需用水
7	GB/T 25499—2010	城市污水再生利用绿地灌溉水质	用于灌溉公园绿地、生产绿地、防护绿地、附属绿地等

【标准条文】

3.5

矿井水　mine water

在矿山建设和开采过程中，由地下涌水、地表渗透水和生产排水汇集所产生的水。

【条文释义】

矿井水指在煤矿建井和煤炭开采过程中，由地下涌水、地表渗透水和生产排水汇集所产生的废水。地下涌水指矿井井下开采时由于巷道开掘和采空区塌陷产生的含水层的涌出水。地表渗透水指矿区的大气降水、地表水沿岩石孔隙、裂隙、岩溶等流入矿井的水。生产排水指矿井井下灭火、防尘、灌浆、冲洗巷道、设备冷却及混凝土施工等作业过程产生的废水。

依据区域水资源分布特点和生态环境承载能力，在《能源发展战略行动计划（2014—2020年）》（国办发〔2014〕31号）中确定重点建设晋北、晋中、晋东、神东、陕北、黄陇、宁东、鲁西、两淮、云贵、冀中、河南、内蒙古东部、新疆等14个亿吨级大型煤炭基地。据统计，2020年全国煤炭产量达39亿t，其中14个大型煤炭基地的产量占全国煤炭产量的96.6%。矿井排水量受矿区水文地质条件的影响较大，各地相差悬殊。我国东北地区矿区矿井水吨煤涌水量一般为2 m^3~ 3 m^3；华北、华东及河南等地大部分矿区矿井水吨煤涌水量为3 m^3~5 m^3，其中峰峰、淄博、邯郸、开滦等地矿区在10 m^3左右；南方矿区矿井水吨煤平均涌水量在10 m^3以上；西部矿区矿井水吨煤平均涌水量在1.6 m^3以下。据统计，全国矿井水吨煤平均涌水量约为2.1 m^3，仅2020年全国矿井水涌水量可达81.9亿m^3。

由自然资源部发布的《中国矿产资源报告（2020）》可知，2019年我国铁矿石产量 8.4 亿t、铝土矿产量为7500万t、铜精矿产量 162.8 万 t、铅精矿产量 123.1 万 t、锌精矿产量 280.6 万 t。根据金属矿的工业废水量产污系数计算，金属矿在开采过程中产生的矿井水量可达上亿吨。

【标准条文】

> 3.6
>
> **苦咸水　saline water; brackish water**
>
> 矿化度大于3 g/L的水。

【条文释义】

苦咸水、咸水和淡水的主要区别在于水的矿化度不同。GB 5749—2006《生活饮用水卫生标准》中规定，我国饮用水（淡水）的溶解性总固体（TDS）含量不高于1 g/L。一般矿化度大于1 g/L的水，即为咸水。其中，矿化度大于3 g/L的水定义为苦咸水。而在我国当前的水资源管理中，矿化度小于或等于2 g/L的水均纳入常规水源管理，大于2 g/L的水则属于非常规水源。

GB/T 21534—2021中，苦咸水采用GB/T 30943—2014《水资源术语》中的定义，即“矿化度大于3 g/L的水”。另外，非常规水源包含的咸水为矿化度大于2 g/L的水，即包含苦咸水和矿化度为2 g/L~3 g/L的咸水；矿化度1 g/L~2 g/L的水也属于咸水，但其利用与管理属于常规水源。

第二节　生产用水

本节提到的生产用水主要指工业生产用水，与农业生产用水相关的术语见第四节。

【标准条文】

> 4.1
>
> **工艺用水　process water**
>
> 工业生产中用于制造、加工产品，以及与制造、加工工艺过程有关的水。
>
> 4.2
>
> **洗涤用水　washing water**
>
> 生产过程中，用于对原材料、半成品、成品及设备等进行洗涤的水。

【条文释义】

工艺用水是工业企业生产用水的核心，其特点是被使用的水与原材料、半成品、成品或设备等直接接触。按用途可分为产品用水、洗涤用水和直接冷却水。产品用水是直接进入产品的水，洗涤用水是对原材料、半成品、成品或设备等进行洗涤的水，直接冷却水（术语4.10）是以直接接触的形式冷却物料的水。

工业企业的生产用水包括主要生产用水、辅助生产用水和附属生产用水，见表3-2。主要生产用水直接用于主要生产过程，包括工艺用水、锅炉用水等；辅助生产用水是为企业主要生产装置服务的辅助生产装置的用水，包括机修用水、运输用水等；附属生产用水是指在厂区内，为生产服务的各种服务、生活系统（如厂办公楼、科研楼、厂内食堂、保健站、绿化等）的用水。

表 3–2　工业企业生产用水分类

<table>
<tr><th>一级分类</th><th>二级分类</th><th>备注</th></tr>
<tr><td rowspan="4">主要生产用水</td><td>工艺用水</td><td>产品用水、洗涤用水、直接冷却水</td></tr>
<tr><td>锅炉用水</td><td>产蒸汽或产水、锅炉水处理</td></tr>
<tr><td>间接冷却水</td><td>详见 GB/T 21534—2021 中 4.11</td></tr>
<tr><td>其他</td><td>—</td></tr>
<tr><td rowspan="5">辅助生产用水</td><td>机修用水</td><td rowspan="5">对于出售热、冷、气的企业来说，热、冷、气就是工业产品。此时，生产热、冷、气的用水即为主要生产用水，不能作为辅助生产用水对待</td></tr>
<tr><td>运输用水</td></tr>
<tr><td>空压站用水</td></tr>
<tr><td>水处理单元用水</td></tr>
<tr><td>其他</td></tr>
<tr><td rowspan="4">附属生产用水</td><td>办公用水</td><td rowspan="4">不同的企业涉及的系统类别和规模可能不同，用水量差异大</td></tr>
<tr><td>食堂用水</td></tr>
<tr><td>环境绿化用水</td></tr>
<tr><td>其他</td></tr>
</table>

【标准条文】

4.3

锅炉补给水　makeup water for boiler

生产过程中，用于补充锅炉汽、水损失和排污的水。

【条文释义】

锅炉将煤、油、燃气和其他燃料燃烧后释放出的热能传递给特定的水，使其转变为蒸汽和高温水，再按照生产和生活要求转变为热能、机械能、电能等，是重要的热力设备，锅炉作为用于加热、制造、发电、空调等热发生设备，广泛用于生产和生活领域。

在工业生产过程中，锅炉产蒸汽、产水、排污产生汽、水的损失，补充这部分损失的水即为锅炉补给水。GB/T 21534—2008中锅炉补给水的定义为“补充锅炉汽、水损失的水”，GB/T 21534—2021中将补充排污损失的水纳入其中。

【标准条文】

4.4

软化水　softened water

去除钙、镁等具有结垢性质离子至一定程度的水。

4.5

除盐水　desalted water

去除水中无机阴、阳离子至一定程度的水。

【条文释义】

锅炉运行需要软化水，防止锅炉形成水垢、腐蚀、蒸汽品质下降，保障锅炉寿命、安全生产和经济运行。软化水和除盐水属于工艺用水。

水中的Ca^{2+}、Mg^{2+}、Fe^{2+}、Mn^{2+}、Sr^{2+}、Te^{3+}、Al^{3+}等容易形成难溶盐类的金属阳离子的含量影响水质硬度，其中Ca^{2+}、

Mg^{2+}影响较大。软化水是根据用途，将Ca^{2+}、Mg^{2+}等结垢性离子去除至一定程度的水。除盐水是根据用途，将无机阴离子和阳离子去除至一定程度的水。从去除离子范围上看，除盐水去除离子更加彻底。

通常根据工艺、安全要求等，综合考虑成本等因素，对原水中的各种离子进行去除，形成除盐水和软化水。软化水常用水的硬度指标表征，除盐水常用水的电导率、SiO_2、酸碱度（pH）、总铁、总铜、酸根等表征。锅炉软化水和除盐水中各离子含量应符合GB/T 1576—2018《工业锅炉水质》的要求。

【标准条文】

> 4.6
>
> **蒸汽冷凝水　steam condensate**
>
> 水蒸气经冷却后凝结而成的水。
>
> **注：**也称凝结水或凝液。

【条文释义】

工业锅炉或余热锅炉等设备的主要功能是制备蒸汽，用于工艺物料的提升、输送、雾化、产品分离、驱动汽轮机、加热等。蒸汽在这些过程中释放能量，冷却，凝结成水，形成蒸汽冷凝水（凝结水或凝液）。

【标准条文】

4.7

串联水　series water

用水单元（或系统）产生的或使用后的、直接用于另一单元（或系统）的水。

4.8

循环水　recirculating water; circulating water

用水单元（或系统）产生的或使用后的、直接再用于同一单元（或系统）的水。

【条文释义】

串联水和循环水的主要区别在于用水单元（或系统）产生的或使用后的水，直接用于其他用水单元（或系统）还是同一用水单元（或系统）。

GB/T 21534—2008中，串联水的定义为“在确定的用水单元或系统，生产过程中产生的或使用后的，且再用于另一单元或系统的水”。GB/T 21534—2008中未给出循环水的定义。在GB/T 21534—2021中，用水单元（或系统）产生的或使用后的水，当直接用于另一单元（或系统）时，即为串联水，当直接再用于同一单元（或系统）时，即为循环水。GB/T 21534—2021明确了串联水和循环水的“直接”——不经过处理——再利用方式。

【标准条文】

4.9

冷却水　cooling water

作为冷却介质的水。

4.10

直接冷却水　direct cooling water

与被冷却物料直接接触的冷却水。

4.11

间接冷却水　indirect cooling water

通过热交换设备与被冷却物料隔开的冷却水。

4.12

直流冷却水　once through cooling water

经一次使用后直接外排的冷却水。

4.13

循环冷却水　recirculating cooling water

循环用于同一过程的冷却水。

【条文释义】

为了保证工业生产在正常温度下进行，需要吸收或转移生产材料或设备的多余热量，对其进行冷却。水是常用的冷却介质，作为冷却介质的水称为冷却水。

根据冷却水是否与被冷却物料直接接触，可以将其分为直接冷却水和间接冷却水。为了满足工艺过程需要，使用与半成品或成品直接接触的水对其进行冷却，这部分水为直接冷却水，包括调温、调湿使用的直流喷雾水。当冷却水与被冷却物料之间由热交换设备隔开时，这部分冷却水属于间接冷却水。根据冷却水是否循环往复作用于同一过程，可以将其分为直流冷却水和循环冷却水。直流冷却水使用一次后直接排放。循环冷却水冷却物料后，通过蒸发、接触、辐射等方式释放热量，再次对同一工业过程进行冷却，如此反复。循环冷却水更加节水。

工业冷却水系统分类如图3-1所示。

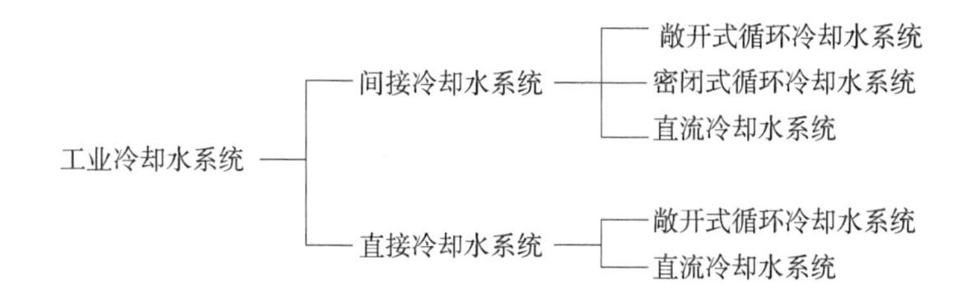

图3-1　工业冷却水系统分类

直流冷却水系统中冷却水只经过一次换热器换热后便直接排入水体，这种冷却水称为直流冷却水或一次利用水。直流冷却水系统不需要其他冷却水构筑物，投资少，操作简便，用水量大，排出的水温升幅小，不进行重复利用。

循环冷却水系统中冷却水循环使用，由热交换设备（如换热器、冷凝器）、冷却设备（如冷却塔、空气冷却器等）、水泵、管道和其他有关设备组成。循环冷却水系统分为密闭式循环冷却水系统和敞开式循环冷却水系统。密闭式循环冷却水系统中，经换热升温的冷却水在一个封闭的循环系统中进行冷却，如图3-2所示。密闭式循环冷却水系统不存在水蒸发和盐分浓缩问题，循环水和药剂流失量小。由于循环冷却水经由冷却管与外界空气进行间接（强制）换热，因此也称为干式空气冷却系统。利用空气气流间接强制冷却循环水的换热装置称为干冷却塔，分为抽风式和鼓风式两种。敞开式循环冷却水系统中，经换热升温的冷却水于冷却塔内与空气直接接触进行散热，如图3-3所示。冷却水蒸发、空气中杂质引入，各种无机离子和有机物质浓缩，以及设备结构和材料等多种原因，造成敞开式循环冷却系统中循环水水质恶劣，从而加重系统的腐蚀、结垢、微生物故障，威胁和影响生产设备与装置长周期安全运行。为防止这类故障发生，需要在循环水中投加各种水处理剂，使水质保持良好的水平。

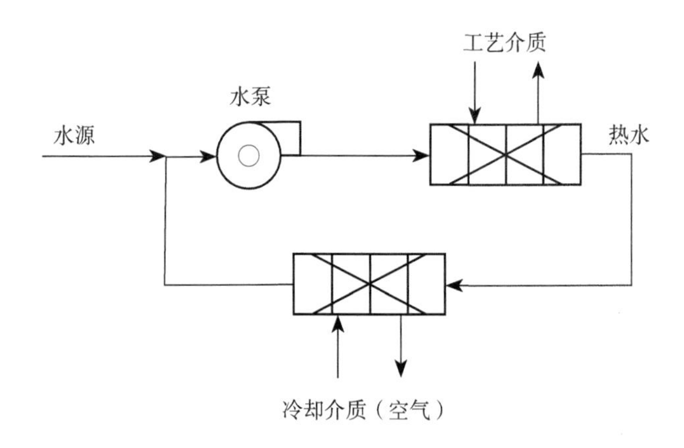

图3-2　密闭式循环冷却水系统

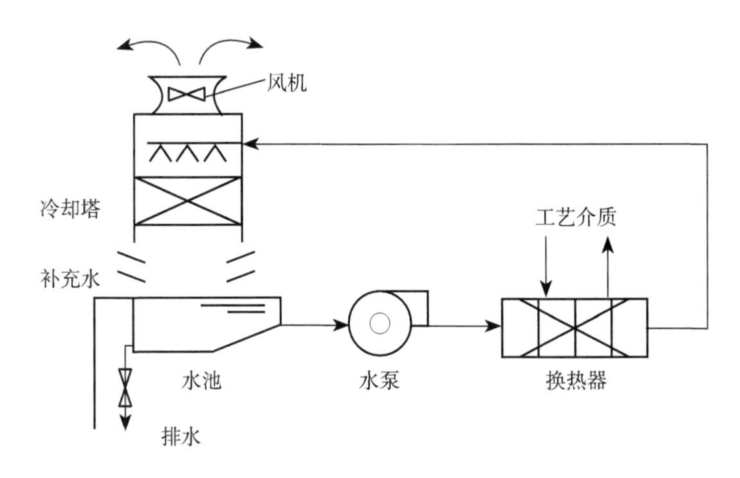

图3-3　敞开式循环冷却水系统

【标准条文】

> 4.14
>
> **回用水　reused water**
>
> 用水单元（或系统）产生的或使用后，经过适当处理被回用于其他单元（或系统）的水。

【条文释义】

GB/T 21534—2021对GB/T 21534—2008中回用水的定义做了修正。

GB/T 21534—2008中，回用水的定义为“企业产生的排水，直接或经处理后再利用于某一用水单元或系统的水”。GB/T 21534—2021将直接再利用的水划归为串联水（术语4.7）或循环水（术语4.8），而经处理后再利用的水统称为回用水。这样修改后，回用水与串联水、循环水的边界更加清晰。

【标准条文】

4.15

损失水　water loss

在水处理、输配、使用及排放过程中，因渗漏、飘洒、蒸发和吸附等原因损失的水。

【条文释义】

在水的处理、输配、使用、排放过程中，水常以下列形式损耗，进入自然环境：① 从管道、设备中渗漏；② 喷溅或以水滴形式被空气带走；③ 蒸发；④ 被固体介质夹带或吸附。这些水统称为损失水，一般不能计量。

【标准条文】

4.16

水厂自用水　water use in water works

水厂生产工艺过程和其他用途所需用的水。

【条文释义】

水厂自用水是用于水厂生产、辅助生产和附属生产的水，其中生产用水主要包括水厂内沉淀池或澄清池的排泥水、滤池冲洗水和各种构筑物的清洗水。在设计时，水厂自用水量一般按水厂最高日供水量的5%~10%考虑，实际用水量会受原水水质和水处理工艺等多种因素的影响。当采用滤池反冲洗水回用时，水厂自用水量可降低至水厂最高日供水量的1.5%~3%。

第三节　生活用水

【标准条文】

5.1

灰水　grey water

除粪便污水外的各种生活污水排水。

注：如冷却排水、游泳池排水、沐浴排水、盥洗排水、洗衣排水等，也称生活杂排水。

【条文释义】

这里的灰水是生活污水的一种，是除粪便污水外的各种生活污水排水，如冷却排水、游泳池排水、沐浴排水、盥洗排水、洗衣排水等，也称生活杂排水。ISO 20670：2018《水回用　术语》中灰水的定义为：家庭生活中洗浴、洗漱和厨房水槽产生的污水，包括淋浴器、浴缸、洗手池和洗衣盆中的污水，不包括马桶、小便器中的污水以及厨房水槽和厨余研磨器中的食物残渣。灰水在适当处理后可以再利用。

为深入贯彻节水优先方针，认真落实《国家节水行动方案》的要求，发挥水利行业节水标杆的示范作用，2019年，水利部部署开展水利行业节水机关建设，印发《水利行业节水机关建设标准》。其中，灰水利用作为一项重要指标列入该建设标准要求。通过推进水利行业节水机关和节水型单位建设，灰水利用得以推广。

【标准条文】

5.2

居民生活用水　domestic water

使用公共供水设施或自建供水设施供水的居民日常家庭生活用水。

注：如饮用、盥洗、洗涤、冲厕用水等，包括城镇居民生活用水和农村居民生活用水。

5.3

公共生活用水　public water

用于住宿餐饮、批发零售、公共管理、卫生、教育和社会工作等活动的公共建筑和公共场所用水。

【条文释义】

居民生活用水和公共生活用水常出现在水资源公报或用水统计工作中。根据目前的用水统计规定，居民生活用水指居民日常家庭生活用水，如饮用、盥洗、洗涤、冲厕用水等，包括城镇居民生活用水和农村居民生活用水。农村居民生活用水指农村居民家庭生活用水，包括零散养殖畜禽的用水。公共生活用水一般为城镇公共生活用水，指用于住宿餐饮、批发零售、公共管理、卫生、教育和社会工作等活动的公共建筑和公共场所用水，包含建筑业用水。

水利部发布的《中国水资源公报》中显示，2019年全国城镇人均生活用水（含公共生活用水）量为225 L/d，其中城镇居民人均生活用水量为139 L/d；农村居民人均生活用水量为89 L/d。

第四节　节水灌溉

【标准条文】

6.1

灌溉用水　irrigation water use

从水源引入用于浇灌作物、林草正常生长的水。

6.2

节水灌溉　water-saving irrigation

根据作物需水规律和当地供水条件，高效利用降水和灌溉水，以取得最佳经济效益、社会效益和环境效益的综合措施。

注：包括渠道防渗、管道输水灌溉、喷灌和微灌等。

6.3

高效节水灌溉　high efficient water-saving irrigation

采用管道系统输水的节水灌溉措施。

注：包括管道输水灌溉、喷灌和微灌等。

【条文释义】

我国是一个水资源紧缺的农业大国，而且水资源时空分布不均。农业是用水大户，农业用水量占社会用水总量的60%以上。因此，推广节水灌溉是农业节水工作的重中之重，也是缓解我国水资源紧缺的有效途径。2019年我国灌溉面积11.26亿亩[①]，农业用水量3682.3亿m^3，其中灌溉用水量约占86%。党中央对节水灌溉非常重视，早在20世纪90年代，就

[①] 1亩=$666.\dot{6}m^2$。

提出“把推广节水灌溉作为一项革命性措施来抓”，2014年，习近平总书记提出“节水优先、空间均衡、系统治理、两手发力”的治水思路，强调节水意义重大。节水灌溉是一项综合措施，既需要节水灌溉工程建设和技术投入，也需要采取节水灌溉管理措施。节水灌溉工程一般包括符合规范规定的渠道防渗、管道输水灌溉、喷灌、微灌等，节水灌溉管理措施一般包括改进地面灌溉、水稻控制灌溉、注水灌溉、雨水集蓄利用、优化灌溉制度等。

高效节水灌溉是节水灌溉发展中出现的新概念，是管道化输水、有压灌溉技术的总称，是目前节水效率和效益较高的节水灌溉形式。高效节水灌溉主要包括微灌（术语6.4）、喷灌（术语6.5）和管道输水灌溉（术语6.6）。由于高效节水灌溉术语近几年才广泛出现，业内外对此还有各种不同的理解。因此，在定义灌溉用水、节水灌溉等术语的同时，也定义了高效节水灌溉术语。

【标准条文】

6.4

微灌　micro-irrigation

由自然落差或水泵加压形成的有压水流，通过压力管网送至田间专门的微灌水器，以水滴、细小水流形成湿润作物根部附近土壤的灌溉技术。

6.5

喷灌　sprinkling irrigation

由自然落差或水泵加压形成的有压水流，通过压力管网送至田间喷头，以均匀喷洒形式进行灌溉的技术。

6.6

管道输水灌溉　irrigation with pipe conveyance

由水泵加压或自然落差形成的有压水流通过管道输送到田间给水装置，采用改进地面灌溉的技术。

【条文释义】

微灌、喷灌和管道输水灌溉都是以管道化输水、有压灌溉为基本特征的节水灌溉技术，其共同特点是由自然落差或水泵加压，用有压管道输水到田间灌水器，三者构成了高效节水灌溉技术。微灌、喷灌和管道输水灌溉还可细分为多种具体的技术形式，如微灌可以分为滴灌、微喷灌、涌泉灌和小管出流灌溉等；喷灌按系统获得压力方式分为机压喷灌和自压喷灌，按系统构成的特点分为管道式喷灌和机组式喷灌，按运行方式分为定喷式和行喷式等；管道输水灌溉也可以划分为许多类型。

近几年，由于国家重视节水灌溉技术的推广，节水灌溉面积发展很快。2019年，全国节水灌溉面积达到5.56亿亩，高效节水灌溉面积超过3.4亿亩。其中微灌面积1.06亿亩、喷灌面积6824万亩、管道输水灌溉面积1.66亿亩，分别是2010年的3.34倍、1.5倍、1.66倍。

【标准条文】

6.7

水肥一体化灌溉　integrated irrigation of water and fertilizer

根据作物需求，对农田水分和养分进行综合调控和一体化管理，以水促肥，以肥调水，实现水肥耦合，全面提升农田水肥利用效率的灌溉方式。

【条文释义】

水肥一体化灌溉是近几年出现的使用频率较高的农业灌溉新技术。水肥一体化灌溉是根据作物需求，以高效节水灌溉技术为载体，配备施肥系统，将水与可溶性固体或液体肥料配兑成一定比例的肥水一起输送到作物生长区域的灌溉施肥方式。通过水肥一体化灌溉，可有效提高水肥利用效率，减轻劳动强度，减少化肥使用量，降低面源污染，提高作物产量和品质。水肥一体化既节约水肥、增产增收，又有利于环境保护。据有关资料，以滴灌设施实施水肥一体化，可减少20%~50%的肥料用量，用水量也只有沟灌的30%~40%。同时，通过增加灌溉设施的施肥功效，对推广高效节水灌溉技术也起到了助力作用。

近几年，随着高效节水灌溉技术的推广，水肥一体化灌溉得到了大面积普及，为实现“一控两减”（“一控”是指控制农业用水总量和农业水环境污染，确保农业灌溉用水总量保持在3720亿m^3，农田灌溉用水水质达标；“两减”是指化肥、农药减量使用）目标奠定了坚实基础。

总之，水肥一体化灌溉是一项先进的降本增效减污实用技术，推广应用前景广阔。

【标准条文】

> 6.8
>
> **改进地面灌溉 improved surface irrigation**
>
> 改善灌溉均匀度和提高灌溉水利用率的沟、畦和格田灌溉技术。

【条文释义】

地面灌溉是一种传统、常规的灌溉方式。目前，全国灌溉面积的近85%均采用地面灌溉方式（包括管道输水灌溉）。改进地面灌溉是通过采取精细平整土地，合理规划沟、畦、格田规格和地面自然坡降等措施，提高灌溉率、减少无效渗漏、改善灌溉均匀度、提高灌溉水利用率的节水灌溉技术。目前和相当长的时间内，地面灌溉，特别是改进地面灌溉仍是我国最普遍、常规的灌溉方式。

【标准条文】

> 6.9
>
> **水稻控制灌溉 controlled irrigation for rice field**
>
> 在秧苗本田移栽后的各个生育期，田间基本不再长时间建立灌溉水层，不以水层深度为灌溉指标，而是以根层土壤含水量及土壤表相，确立灌水时间、灌水次数和灌水定额的灌溉技术。

【条文释义】

水稻是高耗水作物，我国每年水稻种植面积超过4.5亿亩，占我国粮食作物播种面积的25%左右。传统水稻的灌溉方法是全生育期都有水层，灌水量大，耗水量多，大灌大排，造成水资源的严重浪费，与我国水资源短缺状况和建设资源节约、环境友好型社会很不适应。水稻控制灌溉是指在各个生育期不再长时间建立灌溉水层，而是以根层土壤含水量和土壤表相，科学确定灌水时间、灌水次数和灌水定额的一项节水灌溉新技术。通过控制水稻灌水，可有效改善水稻的群体结构和光合作用，增强抗病和抗倒伏能力，控制水稻的无效分蘖，提高成穗率、千粒重和稻米品质，有效控制水稻后期早衰，实现增产增收。采用水稻控制灌溉技术，可实现节水节肥、增产增收、提高水稻品质的目标，有效减轻面源污染。

早在20世纪90年代，以广西为代表的南方水稻种植区就大面积推广了水稻控制灌溉技术（当时在广西被称为“薄、浅、湿、晒”控制灌溉技术）。目前，该技术在黑龙江等北方水稻种植区也得到了大面积推广，并取得了良好效果。

【标准条文】

6.10

灌区　irrigation district

具有一定保证率的水源，有统一的管理主体，由完整的灌溉排水工程系统控制及其保护的区域。

【条文释义】

灌区是农业抗御自然灾害的基础设施，是农业高产稳产和国家粮食安全、供水安全的根本保障，也是农业节水灌溉的重要载体，包括水源工程、输配水工程和田间工程及配套设施。灌区有多种分类方式，按灌溉水源，可分为利用地表水的渠灌区、利用地下水的井灌区、地表水和地下水结合利用的井渠结合灌区；按取水方式，可分为自流灌区和提水灌区。渠灌区按灌溉面积，可分为大型灌区（≥20000 hm^2）、中型灌区（667 hm^2~20000 hm^2）和小型灌区（＜667 hm^2）。2019年，全国大型灌区有460余个，有效灌溉面积2.8亿亩左右，中型灌区7400多个，有效灌溉面积2.3亿亩左右，小型灌区数以百万计。井灌区机井511万眼，有效灌溉面积2.77亿亩。随着社会经济的不断发展，传统的灌区也面临着“转型升级”，从以前单一的为农业灌溉供水需求逐步发展成为区域农业、工业、生产生活与环境用水等经济社会各方面供水需求，从而导致灌区供水结构发生变化，传统农业用水量及比重逐年下降，其他用水需求逐步增加，因此，在灌区推广节水灌溉，以保障农业灌溉用水和区域内经济社会各方面用水需求成为必然趋势。

【标准条文】

6.11

作物需水量　water requirements in crop

作物正常生长需要消耗的水量。

注： 通常为作物正常生长时的蒸发蒸腾量与构成植株体的水量之和，实际应用中常以正常生长的蒸发蒸腾量作为作物需水量。

【条文释义】

作物需水量是指作物正常生长消耗的水量，包括蒸发蒸腾水量与构成植物体的水量，后者水量较小，因此，在实际应用中常以作物的蒸发蒸腾水量代表作物需水量。作物需水量一般为植株蒸腾量与株间土壤蒸发量之和，单位以毫米或立方米每亩（或立方米每公顷）计。影响作物需水量的主要因素包括作物种类、气候条件、土壤性质、农业措施和灌溉形式等。作物需水量应根据当地的灌溉试验资料确定，或参考临近地区的灌溉试验资料确定；当缺乏灌溉实验资料时，通常采用彭曼（Penman）公式计算取得。彭曼公式主要利用常规气象资料及作物系数计算作物需水量。

作物需水量是确定作物灌水定额（术语6.12）、灌溉定额（术语6.13）和灌溉制度（术语6.14）的主要依据，也是确定农业灌溉用水量的重要依据，在农田水利工程规划、设计及流域、区域水资源评价等方面应用广泛。

【标准条文】

6.12

灌水定额　irrigation quota

单位灌溉面积上的一次灌水量。

6.13

灌溉定额　irrigation amount in whole season

作物整个生长期内（或一年内）单位灌溉面积上的总灌水量。

6.14

灌溉制度　irrigation program

根据作物需水特性和当地气候、土壤、技术等因素制定的整个生长期内（或一年内）灌水方案。

注：主要包括灌水次数、灌水时间、灌水定额和灌溉定额。

【条文释义】

灌水定额、灌溉定额和灌溉制度三者之间有着十分密切的关系。灌水定额和灌溉定额是灌溉制度的重要组成部分，与作物的耗水量密切相关。灌水定额是单位灌溉面积上一次灌溉的水量，灌溉定额是作物整个生育期（多年生作物一年内）单位灌溉面积上历次灌水定额之和。灌溉制度是为了保障农业生产，编制的整个作物生育期（多年生作物一年内）的灌水方案，包括作物灌水次数、每次灌水时间和灌水量。灌水定额和灌溉定额与作物需水特性、土壤性质、气象条件、灌溉条件等因素有关，二者均以毫米或立方米每亩（或立方米每公顷）计。

灌水定额、灌溉定额是灌溉工程设计时的重要设计参数，也是取水量审批、计划用水管理的重要依据。

【标准条文】

6.15

灌溉用水定额　irrigation water norm

在规定位置和规定水文年型下核定的某种作物或林草在一个生育期内（或一年内）单位面积的灌溉用水量。

【条文释义】

灌溉用水定额与灌水定额、灌溉定额不同，是用水管理指标，由区域相关管理机构制定并发布，在一定时期内该值是固定的，一般不受作物和土壤气候因素影响而变化。灌溉用水定额是根据当地供水条件，在规定的位置和特定的水文年型情况下而核定的某种作物在一个生育期内（多年生作物一年内）单位面积用水量。

一般情况下，某种作物灌溉用水定额规定位置为大中型灌区斗口、小型灌区渠首、井灌区井口；规定水文年型为50%水文年（平水年份）、75%水文年（偏枯年份）。灌溉用水定额通常分为通用值和先进值。灌溉用水定额通用值是根据灌区现状水平，满足区域用水供需平衡，在规定水文年型，某种作物在大中型灌区斗口、小型灌区渠首、井灌区井口位置的单位面积灌溉用水量。灌溉用水定额先进值是指按照GB/T 50363—2018《节水灌溉工程技术标准》，采取渠道防渗、管道输水灌溉、喷灌、微灌等节水灌溉方式，在规定水文年型，某种作物在大中型灌区斗口、小型灌区渠首、井灌区井口位置的单位面积灌溉用水量。

【标准条文】

> 6.16
>
> **作物水分生产率　crop water productivity**
>
> 在一定的作物品种和耕作栽培条件下，单位水量所获得的产量，其值等于作物产量与作物净耗水量或蒸发蒸腾量之比。

【条文释义】

作物水分生产率是衡量农业生产水平以及农业用水效率和效益的综合指标。作物水分生产率是在一定的作物品种和耕作栽培条件下，单位水量所获得的产量（产值），即

$$W=y/(m+p+d) \qquad (3\text{–}1)$$

式中：W——作物水分生产率，kg/m³或元/m³；

y——作物产量（产值），kg或元；

m——净灌溉水量，m³；

p——有效降雨，m³；

d——地下水补给，m³。

作物水分生产率也等于作物产量与作物净耗水量或蒸发蒸腾量之比。与作物水分生产率相近的衡量指标还有灌溉水分生产率。灌溉水分生产率指单位净灌溉水量所能生产的农产品数量。在不同地区、不同年份，灌溉水分生产率的差异

较大，没有可比性，但多年平均值可作为宏观评价指标，也可评价同一灌区不同阶段（如灌区节水改造前后）的农业生产水平、灌溉工程状况和灌溉管理水平。作物水分生产率在年际间和地区间均具有可比性，是相对科学的单位水效率的评价指标。

【标准条文】

6.17

渠系水利用系数　water efficiency of canal system

末级固定渠道输出流量（水量）之和与干渠渠首引入流量（水量）的比值。

注：也为各级固定渠道水利用系数的乘积。

6.18

田间水利用系数　water efficiency in field

灌入田间蓄积于土壤根系层中可供作物利用的水量与末级固定渠道放出水量的比值。

6.19

农田灌溉水有效利用系数　irrigation water efficiency

灌入田间可被作物利用的水量占渠首引进的总水量的比值。

注：通常为渠系水利用系数和田间水利用系数的乘积。

【条文释义】

农田灌溉水有效利用系数、渠系水利用系数和田间水利用系数是分别反映一个灌区（灌域）及渠系、田间工程状况和管理水平的评价指标。其中，渠系水利用系数是反映灌区各级固定渠道灌溉水利用率的指标，指标越大，说明渠系工程状况、防渗漏和工程管理水平越高。渠系水利用系数的大小，除与各级固定渠道水利用系数相关外，还与固定渠道的级数有关，渠系水利用系数是各级固定渠道水利用系数的乘积。级数越多，渠系水利用系数越小。田间水利用系数是反映田间灌溉水利用率的指标，田间节水工程措施越好，灌水技术管理水平越高，田间水利用系数越大。农田灌溉水有效利用系数是衡量整个灌区（灌域）灌溉水利用率的指标，数值越大，说明工程措施状况和管理水平越高。农田灌溉水有效利用系数的高低与渠系水利用系数和田间水利用系数密切相关，渠系水利用系数和田间水利用系数的数值越大，农田灌溉水有效利用系数的数值也越大，灌区（灌域）工程状况和管理水平越高。

农田灌溉水有效利用系数、渠系水利用系数和田间水利用系数的关系为

$$\text{农田灌溉水有效利用系数} = \text{渠系水利用系数} \times \text{田间水利用系数} \tag{3-2}$$

根据《全国农田灌溉水有效利用系数测算分析技术指导细则》，灌溉水有效利用系数测算分析采用点与面相结合、实地观测与调查研究分析相结合、微观研究与宏观分析评价相结合的方法进行。各省级区域在对灌区综合调研基础上，分类汇总分析灌区的灌溉面积、工程设施与用水状况等，选择能代表大型灌区、中型灌区、小型灌区和纯井灌区等4种不同规模与类

型、不同工程状况、不同水源条件与管理水平的样点灌区，构建相对稳定的省级区域灌溉水有效利用系数测算分析网络；收集整理样点灌区有关资料，选择样点灌区典型田块，测算样点灌区典型田块年亩均净灌溉用水量，分析计算样点灌区净灌溉用水量和灌溉水有效利用系数；以样点灌区测算结果为基础，逐级汇总分析，计算不同规模、不同类型灌区以及不同区域的灌溉水有效利用系数。

【标准条文】

6.20

节水灌溉率　water-saving irrigation rate

一定区域内，节水灌溉面积占总灌溉面积的比率。

6.21

高效节水灌溉率　high efficient water-saving irrigation rate

一定区域内，高效节水灌溉面积占总灌溉面积的比率。

【条文释义】

在相关政策文件、新闻报道及资料文献中，常出现节水灌溉率和高效节水灌溉率这两个术语，用来评价区域内的灌溉节水水平。然而，现有的标准规范未对这两个术语进行定义。为规范使用方法，GB/T 21534—2021中增加了这两个术语的概念。

第五节　节水管理

【标准条文】

> 7.1
>
> **节约用水　water saving**
>
> 采取经济、技术和管理等措施，减少水的消耗，提高用水效率的各类活动。

【条文释义】

我国人口众多，水资源时空分布不均，供需矛盾突出，随着城镇化和工业化进程不断推进，水资源短缺问题加剧，已成为制约生态文明建设和经济社会可持续发展的瓶颈。为解决日益复杂的水资源问题，实现水资源高效利用和有效保护，2012年1月国务院印发了《国务院关于实行最严格水资源管理制度的意见》（国发〔2012〕3号），2013年1月国务院办公厅印发了《实行最严格水资源管理制度考核办法》（国办发〔2013〕2号），对实行最严格水资源管理制度工作进行全面部署和具体安排，全面推动最严格水资源管理制度贯彻落实，促进水资源合理开发利用和节约保护。2014年，习近平总书记站在党和国家事业发展全局的战略高度，提出了“节水优先、空间均衡、系统治理、两手发力”的治水思路。2019年，国家发展改革委、水利部联合印发《国家节水行动方案》，大力推动全社会节水，全面提升水资源利用效率，推动形成节水型生产生活方式，保障国家水安全，促进高质量发展。节约用水工作现已成为行政区、流域考核的重要内容。

节约用水的目标在于减少水的消耗、提高水的利用效率。国内外对节约用水概念的理解，均强调要提高用水效率和用水效益，减少对水的无效、低效消耗和用水浪费。GB/T 30943—2014中节约用水的定义是“为提高用水效率而科学合理地减少供、用水量”。GB/T 21534—2008中，工业节水的定义是“通过加强管理，采取技术上可行，经济上合理的节水措施，减少工业取水量和用水量，降低工业排水量，提高用水效率和效益，合理利用水资源的过程和方法。”根据国内外节水实践和经验，节约用水主要通过法制、经济、行政管理、科技等手段实现，因此，GB/T 21534—2021中采用的定义是“采取经济、技术和管理等措施，减少水的消耗，提高用水效率的各类活动”。

经过持续多年的节水工作，我国的节约用水水平不断提升。2019年，我国万元GDP（当年价）用水量为60.8 m^3，万元工业增加值（当年价）用水量为38.4 m^3，按可比价计算，万元GDP用水量和万元工业增加值用水量分别比2018年下降5.7%和8.7%。

【标准条文】

7.2

计划用水管理　planned water management

依据节水管理制度、用水定额标准与可供水量，对计划用水单位在一定时间内的用水计划指标进行核定、编制调整、下达检查、监督考核、评估的管理活动。

【条文释义】

计划用水是当前我国水资源管理中的一项基础制度，是控制用水总量增长、提高社会用水效率、约束各行各业用水行为的重要手段。近年来，国家和省级层面颁布了多项政策法规对计划用水管理作出明确要求。《中华人民共和国水法》《取水许可和水资源费征收管理条例》《城市供水条例》等法律法规确立了计划用水制度。《国家节水行动方案》《国务院关于实行最严格水资源管理制度的意见》等政策文件对计划用水管理工作作出具体要求。《国家节水行动方案》中要求，到2020年，水资源超载地区年用水量1万m^3及以上的工业企业用水计划管理实现全覆盖。《水利部职能配置、内设机构和人员编制规定》中明确了计划用水的主要负责部门。北京、天津、河北等30个省（自治区、直辖市）出台了相关法规制度文件，对计划用水工作作出具体规定。计划用水已日渐成为在微观层面水资源刚性约束的有力抓手，在控制用水总量、提高用水效率和约束不合理用水行为等方面发挥了重要作用。

GB/T 30943—2014中从用水户的角度给出了计划用水的定义，即“用水户依据生产计划和合理的用水定额编制用水计划，并按计划调度配水”。GB/T 21534—2021中给出了计划用水管理的概念。前者强调用水户的计划用水，后者侧重计划用水的政府管理角度，二者反映了计划用水工作的不同侧面。

全国节约用水办公室组织编制的《节约用水管理年报》中显示，2019年全国纳入取水计划管理的河道外取水户23.98万户，下达计划取水总量为2368.40亿m^3，实际取水总量为1991.68亿m^3。全国公共供水管网内实行计划用水管理的用水大户210.67万户（不含居民用水），计划用水量320.52亿m^3，实际用水量285.29亿m^3。

【标准条文】

> 7.3
>
> **节水设施“三同时”制度　‘three-simultaneous’of water-saving facilities**
>
> 新（改、扩）建建设项目节水设施与主体工程同时设计、同时施工、同时投入使用的制度。

【条文释义】

项目建设“三同时”（同时设计、同时施工、同时投入使用）管理制度是我国以预防为主政策的重要体现。《中华人民共和国水法》第五十三条规定“新建、扩建、改建建设项目，应当制订节水措施方案，配套建设节水设施。节水设施应当与主体工程同时设计、同时施工、同时投产”。节水设施“三同时”制度的理念是从建设项目的立项设计之初即主动介入节水管理并贯穿整个建设过程，从源头严格管理，减少重复建设情况的发生。

节水设施“三同时”制度是加强节约用水工作的源头措施，是建设项目节水措施能否全面落实到位的重要保证，对促进建设项目提高水资源利用效率和效益具有重要作用。国内多个城市已实施节水设施“三同时”制度，如广州、深圳、昆明、淄博等相继出台了法规制度和规范性文件，对建设项目的配套节水设施的建设与使用起到了有效的监管作用；规范了节水设施建设和节水型器具的使用，完善了用水计量设施的安装等，从源头上遏制了用水浪费情况的发生；在具备条件的建设项目中建设再生水、雨水利用设施，实现水资源循环利用,促进节水减排。

为深入贯彻节水优先方针，落实2017年中央一号文件——《中共中央 国务院关于深入推进农业供给侧结构性改革加快培育农业农村发展新动能的若干意见》中要求，全面推进节水型社会建设，2017年5月，水利部印发《水利部关于开展县域节水型社会达标建设工作的通知》（水资源〔2017〕184号），其附件《节水型社会评价标准（试行）》中将“节水‘三同时’管理”纳入评价指标体系。2021年12月，住房城乡建设部办公厅等四部门联合印发《关于加强城市节水工作的指导意见》（建办城〔2021〕51号），要求推进节水“三同时”管理。新建、改建和扩建建设项目的节水设施必须与主体工程同时设计、同时施工、同时投入使用，鼓励通过工程建设项目审批管理系统加强“三同时”相关信息共享。

【标准条文】

7.4

累进制水价　progressive water price

水价随用水量的逐段递增而增加的价格机制。

【条文释义】

水价是调节水资源供需的重要杠杆，也是生态文明建设和绿色发展的制度保障。累进制水价是在用水定额管理体系下，对用水单位超出核定水量范围的用水逐级加价的价格机制。累进制水价在保证基本用水、促进节约用水和防止不同水价的水之间的不正当转移方面起积极作用。《中华人民共和国水法》中规定，对用水实行计量收费和超定额累进加价制度。《取水许可和水资源费征收管理条例》中强调，超计划或者超定额取水的，对超计划或者超定额部分累进收取水资源费。2017年10月，国家发展改革委、住房城乡建设部联合印发《国家发展改革委 住房城乡建设部关于加快建立健全城镇非居民用水超定额累进加价制度的指导意见》（发改价格〔2017〕1792号），指导各地全面推行城镇非居民用水超定额累进加价制度，合理确定分档水量和加价标准。截至2019年，我国31个省（自治区、直辖市）已建立城镇非居民用水超定额累进加价制度。

城镇非居民用水超定额累进加价制度的实施方式有两类：一类是由地方水行政主管部门或下属机构负责加价制度的实施，主要针对水资源费实施加价；另一类是由地方城市节约用水管理部门负责加价制度的实施，针对基本水价（或终端水价），即自来水水价实施加价。累进加价制度的实施对象主要是从自备水源和城市公共管网取水的非居民用水户。非居民用水户的用水类别主要包括城市工业用水、经营服务业用水和行政事业单位用水。各地主要以水资源费和基本水价（或终端水价）为加价载体。加价阶数一般划分为3级~5级，各级的上下限略有差异。加价倍率，除北京市、天津市等个别省份较高外，其他省份为0.5倍~5倍。各地均把累进加价费定为行政事业性收费，作为政府非税收入纳入财政预算管理。累进加价费一般用于推进水资源节约工作，包括节水技术研发、推广，节水设施建设、水平衡测试补助，节水科研、培训、管理、宣传、奖励等。城镇非居民用水超定额累进加价制度的实施，有力地促进了计划用水管理工作的严格落实，实现了提升用水效率和效益的双目标。

【标准条文】

7.5

合同节水管理　water-saving contracting

节水服务企业与用水单位以契约形式，通过集成先进节水技术为用水单位提供节水改造和管理等服务，获取收益的节水服务机制。

【条文释义】

合同节水管理是以节水为目的的一种新型市场化的商业模式。其实质是募集资本，先期投入节水改造，用获得的节水效益支付节水改造全部成本，分享节水效益，实现多方共赢，促进水资源节约保护。党的十八届五中全会和“十三五”规划都提出要推行合同节水管理。2016年7月，国家发展改革委、水利部、税务总局联合印发《关于推行合同节水管理促进节水服务产业发展的意见》(发改环资〔2016〕1629号)，明确推行合同节水管理的各项基本政策，使合同节水管理实现了从顶层设计到落地操作的转变。2017年，GB/T 34149—2017《合同节水管理技术通则》、GB/T 37148—2017《项目节水量计算导则》、GB/T 37147—2017《项目节水评估技术导则》3项与合同节水管理相关的国家标准发布实施，为合同节水管理项目的规范化实施提供了技术支撑。

目前，国内外合同节水管理主要包括3种模式：①节水效益分享模式，即节水服务企业和用水户按照合同约定的节水目标和分成比例收回投资、分享节水效益。②节水效果保证模式，即节水服务企业基于技术、经验、工程及运营维护等方面的支持，与用水户签订合同，节水服务企业通过工程实施达到合同约定的节水效果，用水户支付节水改造费用。若不能达到约定节水效果，由节水服务企业按合同对用水户进行补偿。③完全托管模式，即用水户把整个供水系统全权委托给节水服务企业，双方在合同中约定节水服务企业需要达到的要求，最终能够得到的效益。节水服务企业按照合同尽可能地进行节水，最大限度地降低供水成本，提高用水效率。近年来，水利部以高校为重点，大力推动高校实施合同节水管理，取得了显著成效。

【标准条文】

7.6

水效标识　water efficiency label

采用企业自我声明和信息备案的方式，表示用水产品水效等级等性能的一种符合性标志。

【条文释义】

2017年9月，国家发展改革委、水利部、国家质检总局联合印发《水效标识管理办法》，指出水效标识是采用企业自我声明和信息备案的方式，表示用水产品水效等级等性能的一种符合性标志。目前，水效评价等级划分为3级和5级2种：其中1级为高效节水型器具，3级或5级为市场准入的用水器具。2018—2020年，坐便器、智能坐便器和洗碗机等产品先后纳入了实行水效标识的产品目录。

截至2022年1月，洗碗机备案企业273家，备案产品型号1634个；智能坐便器备案企业731家，备案产品型号8926个；坐便器备案企业3055家，备案产品型号50676个。如图3-4所示，从2019—2021年不同水效等级坐便器的备案情况可以看出，2级水效的产品备案量从64%提升至77%，增长13%；3级水效的产品备案量从25%减少至14%。用水效率高的产品备案量正在逐年增长，水效标识实施成果显著。

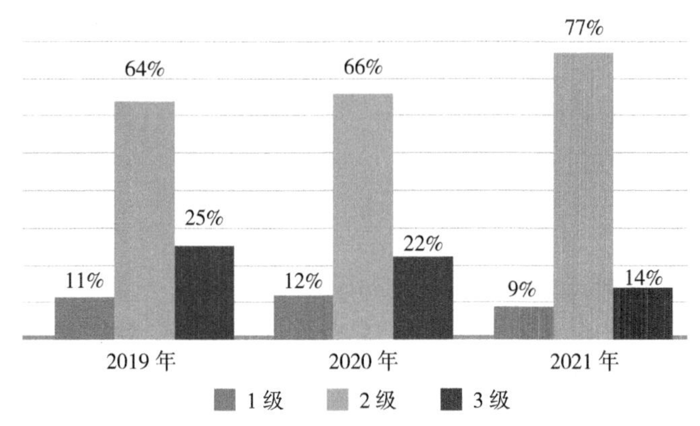

图3-4　2019—2021年不同水效等级坐便器的备案情况

【标准条文】

7.7

节水产品认证　water-saving product certification

依据相关的标准或技术规范，经相关机构审核通过并发布相关节水产品认证标志，证明某一认证产品为节水产品的活动。

【条文释义】

节水产品认证采用国际通行的认证模式，由认证机构对节水产品是否符合相关标准或技术规范进行合格评定。根据《中华人民共和国认证认可条例》，认证是指由认证机构证明产品、服务、管理体系符合相关技术规范、相关技术规范的强制性要求或者标准的合格评定活动。我国的认证机构是依法取得资质，对产品、服务和管理体系是否符合标准、相关技术规范要求，独立进行合格评定的具有法人资格的证明机构。合格评定是与产品、过程、体系、人员或机构有关的规定要求得到满足的证实。

为了解决我国水资源短缺的现状，规范节水产品市场，在全国范围内推广采用优质高效的节水产品，国家发布实施了节水产品认证制度。节水产品认证可以为节水产品的设计部门、生产部门、使用部门提供推动技术进步的动力，是兑现节水潜力的重要措施。同时，节水产品认证是建立在第三方基础之上，通过节水产品认证可以保护和推广优质高效的节水产品，限制和禁止高耗低效的假冒节水产品，为政府管理部门加强宏观管理、规范市场提供依据。

2002年7月17日，国家认证认可监督管理委员会授权中国节能产品认证中心（后更名为中标认证中心，于2008年并入中国质量认证中心）开展节水产品认证工作（认证办函〔2002〕97号文）。

2002年10月18日，国家经贸委、建设部印发《关于开展节水产品认证工作的通知》（节水器管字〔2002〕001号），要求全面开展节水产品认证工作。

2002年10月22日，中国节能产品认证中心在北京召开的“贯彻落实节水产品标准、实施节水产品认证、促进水资源可持续利用”新闻发布会上宣布节水产品认证正式启动。第一批节水认证产品包括水嘴（水龙头）、坐便器、便器冲洗阀、淋浴器4类产品。节水产品认证工作的开展，有效地规范了节水产品市场，便于广大用户和消费者选择节水产品。通过加贴节水产品认证标志，便于识别优质的节水产品，使之在市场上具有更强的竞争力，从而建立起公平、良好的竞争和生存环境，促进我国节水事业的健康、快速、持续发展。

节水产品认证制度的建立与推广受到市场监管总局、国家发展改革委、住房城乡建设部、水利部以及相关协会等的大力支持。在各部门的推动与支持下，经过十几年发展，节水产品认证范围覆盖工业节水、城镇生活节水、农业节水、非常规水资源利用4大领域。通过认证的节水产品，不仅用水效率符合相关要求，性能和可靠性也具备品质保证。通过加贴节水产品认证标志对消费者起到了很好的指导作用，同时也对生产企业有了持续的监督，倒逼企业持续保持并改善产品质量。

目前，中国质量认证中心累计颁发节水产品认证证书7000多张，累计获证企业500多家。随着节水产品认证的影响力不断扩大，认证结果逐渐被政府及社会各界所采信。

【标准条文】

> 7.8
>
> **节水型社会　water-saving society**
>
> 在社会生产、流通和消费各环节中，通过健全机制、调整结构、技术进步、加强管理和宣传教育等措施，动员和激励全社会节约和高效利用水资源，以尽可能少的水资源消耗保障经济社会可持续发展的社会。

【条文释义】

党的十八大以来，以习近平同志为核心的党中央把生态文明建设作为统筹推进“五位一体”总体布局和协调推进“四个全面”战略布局的重要内容，开展一系列根本性、开创性、长远性工作，提出一系列新理念、新思想、新战略，形成了习近平生态文明思想。

节水型社会建设是贯彻落实生态文明思想的重要体现，是解决我国水问题的战略选择。2000年，《中共中央关于制定国民经济和社会发展第十个五年计划的建议》中首次提出建设节水型社会。2002年，修订的《中华人民共和国水法》中明确规定“国家厉行节约用水……发展节水型工业、农业和服务业，建立节水型社会”。2011年，《中共中央　国务院关于加快水利改革发展的决定》中指出，加快建设节水型社会，促进水利可持续发展。党的十八大报告提出，坚持节约资源和保护环境的基本国策，推进水循环利用，建设节水型社会。党的十九大报告提出，实施国家节水行动，大力推动全社会节水。

节水型社会是一种社会形态，指在社会生产、流通和消费各环节中，通过健全机制、调整结构、技术进步、加强管理和宣传教育等措施，动员和激励全社会节约和高效利用水资源，以尽可能少的水资源消耗保障经济社会可持续发展的社会。节水型社会建设包括农业、工业、生活、生态等各个领域的节水，涉及群众思想观念、生产方式、行为方式转变的各个层面，同时也涉及行政职能、经济政策、法律体系、节水技术、管理体制和运营机制各个方面的变革完善，是一项实践性、探索性、创造性很强的综合性系统工程。节水型社会要求人们在生活和生产的全过程中具有节水意识和观念，在全社会建立起节水的管理体制和运行机制，通过法律、经济、行政、技术、宣传等措施，在水资源开发利用的各个环节，实现对水资源的节约和保护，逐步杜绝用水的结构型、生产型、消费型浪费，使有限的水资源在保障人民饮水安全的同时，发挥更大的社会经济效益，并创造优良的生态与环境。

2002年，水利部部署开展节水型社会建设试点工作。同年，甘肃省张掖市被确定为全国第一个节水型社会建设试点。水利部先后分四批共确定了100个全国节水型社会建设试点，全国共有200多个省级节水型社会建设试点。2017年，水利部部署县域节水型社会达标建设工作。根据《国家节水行动方案》要求，以县域为单元，全面开展节水型社会达标建设，到2022年，北方50%以上、南方30%以上县（区）级行政区达到节水型社会标准。

【标准条文】

> 7.9
>
> **节水型城市 water-saving city**
>
> 采用先进适用的管理措施和节水技术，用水效率达到先进水平的城市。

【条文释义】

节水型城市是一种以节水为基本特征的城市形态。早在1990年，我国就明确提出要创建节水型城市。2002年，节水型城市申报评选工作启动。根据原建设部、国家发展改革委《关于全面开展创建节水型城市活动的通知》（建城〔2004〕115号）的要求，经各省、自治区、直辖市建设厅（建委）、发展改革委（计委、经贸委）等部门初步考核，再经建设部和国家发展改革委共同组织专家评审、现场考核验收，合格后，被命名为“国家节水型城市”。截至2020年，我国公布了10批次名单，累计130个城市获评“国家节水型城市”。

【标准条文】

7.10

节水载体　water-saving carrier

采用先进适用的管理措施和节水技术，用水效率达到一定标准或同行业先进水平的用水单位或区域。

【条文释义】

节水载体为用水效率达到一定标准或同行业先进水平的用水单位或区域，包括节水型企业、节水型居民小区、节水型单位、节水型灌区、节水型城市等。节水载体建设是节水型社会建设的基本内容和重要抓手。2012年，工业和信息化部、水利部等部门针对钢铁、纺织染整、造纸、石油炼制等重点用水行业部署开展节水型企业建设，示范带动工业节水。2013年，水利部和国家机关事务管理局重点针对省级机关部署开展节水型单位建设，示范带动服务业节水。2017年，全国节约用水办公室针对集中供水管网覆盖范围内的城镇居民小区启动节水型居民小区建设，大力推动生活领域节水。2014年以来，结合最严格水资源管理制度考核，水利部联合国家发展改革委、工业和信息化部等9部委，连续多年对各省（自治区、直辖市）重点用水行业规模以上企业节水型企业建设、省级机关节水型单位建设进行考核，极大地推动了各地节水载体建设。根据《国家节水行动方案》的要求，到2022年，中央国家机关及其所属在京公共机构、省直机关及

50%以上的省属事业单位建成节水型单位，建成一批具有典型示范意义的节水型高校。

截至2020年，全国累计创建节水载体17.67万个。其中，节水型灌区0.46万个，福建最多，为514个；节水型企业2.35万个，浙江最多，为2837个；节水型单位11.91万个，浙江最多，为1.40万个；节水型居民小区2.95万个，上海最多，为3058个。

【标准条文】

> 7.11
>
> **节水评价　water-saving evaluation**
>
> 对照用水定额及节水管控要求等，评价与取用水有关的特定对象的用水水平、节水潜力、节水目标指标、取用水规模与节水措施，并提出评价结论及建议的过程。

【条文释义】

节水评价是指对照用水定额及节水管控要求等，评价与取用水有关的特定对象的用水水平、节水潜力、节水目标指标、取用水规模与节水措施，并提出评价结论及建议的过程。针对节水评价，我国发布了一系列国家标准，如GB/T 28284—2012《节水型社会评价指标体系和评价方法》、GB/T 51083—2015《城市节水评价标准》等。

为落实节水优先方针，推动规划和建设项目节水评价工作的开展，2018年12月，水利部办公厅印发《大中型水资源开发利用建设项目节水评价篇章编制指南（试行）》（办规计函〔2018〕1691号），2019年4月，水利部印发《水利部关于开展规划和建设项目节水评价工作的指导意见》（水节约〔2019〕136号），标志着规划和建设项目节水评价工作正式启动。2019年9月，水利部办公厅印发《规划和建设项目节水评价技术要求》（办节约〔2019〕206号），进一步明确节水评价的内容、技术方法与有关标准，增强了节水评价工作的科学性与可操作性。截至2021年，共对10065个规划和建设项目开展节水评价。

为定量评价区域的节水水平，2020年12月，中国水利学会发布了T/CHES 46—2020《区域节水评价方法（试行）》。该团体标准通过构建宏观指标和微观指标相结合的指标体系，采用典型调查和统计分析相结合的评价方式，对区域现状用水节水水平进行评价。评价指标具体由行业节水效率指标和综合指标两部分组成，总计100分。其中行业节水效率指标60分，包括农业用水指标、工业用水指标和服务业用水指标3类，合计8项指标；综合指标40分，包括万元GDP用水量、万元工业增加值用水量、农田灌溉水有效利用系数、公共供水管网漏损率和非常规水源利用占比，合计5项指标。

【标准条文】

7.12

节水型器具　water-saving appliance

满足相同用水功能，用水效率达到一定标准或同类产品先进水平的器件和用具。

【条文释义】

CJ 164—2002《节水型生活用水器具》中给出了节水型生活用水器具的定义，即“满足相同的饮用、厨用、洁厕、洗浴、洗衣等用水功能，较同类常规产品能减少用水量的器件、用具”。这也是最早的节水型器具的定义。CJ 164—2002是在GB/T 18145—2000《陶瓷片密封水嘴》、GB/T 6952—1999《卫生陶瓷》、JC/T 856—2000《6升水便器配套系统》、QB/T 3649—1999《大便器冲洗阀》、JG/T 3008—1993《淋浴用机械式脚踏阀门》、GB/T 4288—1992《家用电动洗衣机》等产品标准的基础上，对上述用水器具的主要用水参数（如流量上限等）和影响产品节水的因素及指标作出了规定。

2015年5月，GB/T 31436—2015《节水型卫生洁具》发布，该标准对节水型坐便器、蹲便器、陶瓷片密封水嘴、淋浴用花洒等8类常用产品提出了具体技术要求。

节水型器具应用广泛，是建设节水型社会的重要物质载体。使用节水型器具不仅能带来经济效益，还能带来良好的社会效益和环境效益。

【标准条文】

7.13

节水潜力　water-saving potential

在一定的经济社会和技术条件下，可以节约的最大用水量。

【条文释义】

节水潜力是指在一定的经济社会和技术条件下，现状用水可以节约的最大用水量。不同的经济社会发展水平和技术条件，用水单位和区域的节水潜力也不同。

对节水潜力的评价和预测是开展节约用水工作的重要依据和主要内容。目前，国内外针对节水潜力预测的研究方法很多，包括传统的基于公式模型的节水潜力预测，也有引入新型技术的基于机器学习的节水潜力预测。节水潜力预测主要针对工业用水、农业用水、城镇生活用水3个领域，除了单一领域的节水潜力预测，还有一些方法同时在多个领域得到实践。根据水利部发布的《全国水资源综合规划技术大纲》中对节水潜力的释义，现阶段主要是通过综合分析各行业的用水水平现状和节水指标要求，实现对节水潜力的估算预测。根据对预测准确性要求的不同，传统的节水潜力预测分为定量计算和定性分析两种方式。定性分析是基于长期实践经验定性总结出预测结果，没有明确的测试或实践数据作为支撑，说服力不强。定量计算则主要基于某种公式模型，实现对某行业或某地区节水现状的拟合，从而估算预测节水潜力。目前，常用的计算节水潜力的方法有水利部水资源管理公式和全国水资源综合规划公式。

【标准条文】

7.14

节水管理绩效　water-saving management performance

与节水管理有关的可量化的结果。

【条文释义】

GB/T 37813—2019《公共机构节水管理规范》给出了公共机构的节水管理绩效的定义，GB/T 21534—2021将该定义引入到全行业节约用水领域。节水管理绩效代表一定时期内某用水单位、区域的节水工作的行为、方式、结果及影响，用于评定节水工作完成情况、取得的成绩和成效。

节水管理绩效是指与节水有关的可量化的结果，换言之，节水管理绩效就是用水单位通过建立和实施用水管理制度、采用节水技术和措施，实现的可以定量描述的效果。而定量描述这种节水效果的过程就是节水管理绩效评价。

节水管理绩效评价是用水管理的重要环节，也是整个用水管理工作形成一个有效闭环的关键步骤。节水管理绩效评价就是依据标准规定的方法选取量化指标、确定比较基准并进行计算分析，进而判定用水管理所取得的成果和存在的问题的过程。节水管理绩效评价是持续改进用水管理工作的必要环节，更是评价和检验用水单位节水工作成效的重要手段。

【标准条文】

7.15

城镇公共供水　urban public water supply

城镇自来水供水企业以公共供水管道及其附属设施向单位和居民的生活、生产和其他各项建设提供用水。

【条文释义】

本定义参照了《城市供水条例》中关于城市公共供水的定义。城镇公共供水的主体为自来水供水企业，公共供水除需要依托管道及其附属设施等配水设施外，尚须取水设施和净水设施，水压不能满足用户使用要求时还要配备末端加压调蓄设施（也称二次供水设施）。对于用水单位以其自行建设的供水设施向本单位生活、生产及其他各项建设提供的供水为自建设施供水，不属于城镇公共供水范畴。城镇公共供水水质应符合国家和地方的生活饮用水卫生标准。

【标准条文】

7.16

用水计量　water metering

采用设备设施量测用水户在生产、生活过程中的用水量。

【条文释义】

《中华人民共和国水法》第四十九条规定，用水应当计量。用水计量是用水管理中最重要的基础工作，是推动节约用水的前提条件。没有用水计量，就没有科学有效的用水管理。对用于量测用水量的设备设施，应做到规范选用和安装、科学维护和管理。

为了规范用水计量工作，2009年12月，国家标准委发布GB 24789—2009《用水单位水计量器具配备和管理通则》，修订版本GB/T 24789—2022于2022年7月发布，对农业、工业和服务业用水单位水计量器具的配备提出具体要求，农业、工业和服务业用水单位的一级计量率应达到100%。水计量设备设施包括水表、流量计、流速测量仪、浮标、水尺、闸涵建筑物、量水槽等。

【标准条文】

7.17

水平衡测试　water balance test

对用水单元或系统的水量进行系统的测量、计算、统计和分析得出水量平衡关系，查找问题并提出持续改进建议的过程。

【条文释义】

水平衡是指以用水单位作为考察对象的水量平衡，即用水单位各用水单元或系统的输入水量之和应等于输出水量之和。对用水单元或系统的水量进行系统的测量、计算、统计、分析得出水量平衡关系，查找问题并提出持续改进建议的过程即为水平衡测试。

在规定的时段内，通过全面系统地对各用水单元或系统进行实际水量的测定，记录各种用水参数的水量数值，用统计表和平衡图标出各水量之间的平衡关系，并据此开展用水合理性分析，制定科学用水方案是水平衡测试的意义。

水平衡测试是评价合理用水水平的科学办法，也是加强用水科学管理和搞好节水工作的必要手段。通过水平衡测试可以摸清用水单位的用水现状、了解用水水平、找出存在的问题，挖掘节水潜力，从而采取相应措施，加强用水管理，达到合理用水的目的。《国家节水行动方案》中要求“重点企业要定期开展水平衡测试、用水审计及水效对标”。《取水许可管理办法》中规定“取水单位或者个人应当根据国家技术标准对用水情况进行水平衡测试，改进用水工艺或者方法，提高水的重复利用率和再生水利用率”。《计划用水管理办法》中明确“用水单位月实际用水量超过月计划用水量50%以上，或者年实际用水量超过年计划用水总量30%以上的，管理机关应当督促、指导其开展水平衡测试，查找超量原因，制定节约用水方案和措施”。

目前，很多地方已在积极推动用水单位水平衡测试管理工作，并出台了相应的政策文件等。北京、上海、江苏、天津、河南、甘肃等6省市出台了水平衡测试管理规定、办法或指导意见，浙江出台了水平衡测试技术指南，南京、武汉、淄博等地也制定了水平衡测试管理相关政策。

为了规范水平衡测试工作，2008年4月，国家标准委发布GB/T 12452—2008《企业水平衡测试通则》。

【标准条文】

> 7.18
>
> **用水审计 water audit**
>
> 对用水户的取水、用水、节水、耗水、排水和外排水等情况的合规性、经济性及对生态环境影响进行检测、核查、分析和评价的活动。

【条文释义】

用水审计是指审计单位依据国家有关的法律法规和标准，对用水户的水资源利用状况进行检验、核查和分析评价。我国十分重视用水审计工作。《中国21世纪初可持续发展行动纲要》（国发〔2003〕3号）中提出“建立合理的价格机制和激励机制，实施计划用水与定额用水相结合的综合管理措施，推行用水审计，促进水资源的合理利用”。《国家节水行动方案》中提出“支持企业开展节水技术改造及再生水回用改造，重点企业要定期开展水平衡测试、用水审计及水效对标。对超过取水定额标准的企业分类分步限期实施节水改造”。《“十四五”节水型社会建设规划》中提出“鼓励第三方节水服务企业参与节水咨询、技术改造、水平衡测试和用水绩效评价……重点企业开展水平衡测试、用水绩效评价及水效对标”。《“十四五”水安全保障规划》中提出“鼓励企业开展用水审计和水效对标达标，推进企业内部工业用水循环利用，提高重复利用率”。《水利部关于实施黄河流域深度节水控水行动的意见》（水节约〔2021〕263号）中提出“在年用水量10万立方米以上且年超计划用水10%以上的企事业单位开展用水审计，对照用水定额指标和有关标准对用水的各个环节进行剖析、审核”。

我国用水审计工作从提出到试点已经历多年，但总体仍处于起步阶段。早在2003年，水利部发展研究中心等单位相继开展了用水审计制度、体系和方法的研究。2009年，江苏省苏州市制定了《苏州市企业用水审计规范（试行）》，并正式开展企业用水审计试点工作。2012年7月，水利部发布SL/Z 549—2012《用水审计技术导则（试行）》，对用水审计的程序、内容以及方法作出具体的规定。2013年，江苏省无锡市印发了《无锡市工业企业用水审计制度实施办法（试行）》，初步建立了用水审计制度。2016年12月，由中国标准化研究院、水利部发展研究中心等单位起草的GB/T 33231—2016《企业用水审计技术通则》正式发布。从全国范围来看，实质开展用水审计工作的区域不多。甘肃省于2013年开始根据水资源条件和管理重点确定试点区域，在武威市实行用水审计监管制度，以灌区为单元开展用水审计。重庆市于2015年颁布《重庆市水资源管理条例》，规定“市、区县（自治县）水行政主管部门应当根据降雨、入境水、取用水、排水、出境水等情况变化适时开展区域用水审计”。河北省于2016年将

“开展用水审计试点工作”写入当年的水资源管理工作任务中。江苏省自2009年开始企业用水审计工作试点以来，各地相继出台了企业用水审计相关的政策和办法，全省已基本建立了比较完善的企业用水审计制度，各级政府已将以政府监管为目的的企业用水审计工作纳入实行最严格水资源管理制度年度目标考核。

用水审计主要包括3部分内容：①合规性审计，是用水审计的基础，主要考察用水户的取水、用水、节水、耗水、排水和外排水等是否符合相关法律法规和标准的规定；②经济性审计，主要评价用水户的用水效率和节水管理；③生态性审计，主要考察用水户的污水排放情况、对生态环境的影响等。

用水审计是对用水户用水状况进行考察与审核的一种管理方法，建立用水审计制度是用水管理的基本要求，也是对用水过程的节水、环保与经济效益进行科学的分析与评价的重要手段。通过用水审计，可以不断地帮助用水户寻找节水措施、明确改造方向、确定节水方案，加强管理，降低生产成本，提高竞争能力，还可以协助政府对用水进行监督与管理。用水审计是实行最严格的水资源管理制度、建设节水型社会的重要手段，其根本目的是对取水、用水、排水全过程进行监督和审计，对采取的措施进行评估，提高取水、用水、排水与节约用水管理水平，提高用水效率和效益，改善生态环境，促进水资源可持续利用。

从近年来国内外的研究和实践趋势看，用水审计的主体、对象、内容、程序等在不同国家或时期有所不同，用水审计的内涵也在不断拓展，从单一的节水技术服务，逐步向以节水为目标的综合用水审计监督转变。

【标准条文】

7.19

水系统集成优化　water system integration and optimization

将整个水系统作为一个有机的整体，按照各用水过程的水量和水质，系统和综合地合理分配用水，使水系统的新水量和废水排放量在满足给定的约束条件下同时达到最小最优的方法。

【条文释义】

水系统集成优化就是将工业企业现行用水网络中排放的废水，通过直接回用、再生回用、再生循环等途径进行合理配置，实现分质用水，一水多用。在减少新鲜水消耗的同时，减少废水的排放量；在达到节水目的的同时，减轻由废水排放造成的环境污染。对工业企业用水进行系统集成，不仅是缓解水资源紧缺的途径之一，也是缓解我国环境污染问题的重要解决途径。

水系统集成优化分为4个步骤：①水系统现状调查，根据需求和实际情况，采用水平衡测试的方法调查各用水单元的现状；②水系统优化对象及其约束条件的确定，根据水系统现状，分析确定拟优化的用水单元，至少包括水质、水量指标；③水系统基础方案设计与优化，根据采集的数据，综合考虑废水利用，确定水系统的最小新水量，并以此为目标，设计水质和水量均满足需求的水系统集成优化初步方案；④水系统集成优化效果评估，核算用水单位内部各用水评价指标，结合经济、管理等因素综合评价水系统集成优化实施效果。

【标准条文】

7.20

水效对标 water efficiency benchmarking

对其水资源利用的相关数据等信息进行收集整理，并与水效标杆进行对比分析、寻找差距和持续改进，提高用水效率的活动。

【条文释义】

水效对标是指用水单位为提高用水效率，与国际国内同行业先进水效指标进行对比分析，确定水效标杆，通过节水管理和技术措施，达到水效标杆指标或更高水效指标水平的用水管理活动。水效对标指标体系的构建可根据用水单位自身特点和用水管理的实际需要，并根据对标不同阶段的工作重点和成果对其进行更新和完善，这样能使水效对标逐步覆盖各个用水环节。

GB/T 33749—2017《工业企业水效对标指南》中给出了工业企业水效对标的定义，即“工业企业对其水资源利用的相关数据等信息进行收集整理，并与企业内外水效标杆进行对比分析、寻找差距和持续改进，提高用水效率的活动”，GB/T 21534—2021将其扩展到各行业节约用水领域。水效对标的程序一般包括：①现状分析，调查用水单位基本情况，建立水效对标指标体系，形成工作计划；②标杆选定，收集水效标杆相关数据，确定水效标杆；③对比分析，对比水效标杆并进行分析，明确差距查找原因，确定水效改进方案；④方案实施，开展水效对标实践管理控制方案实施，产生节水效果；⑤效果评估，评估实施效果，验证对标成果，编制水效对标评估报告，提出改进建议。

对用水单位而言，实施水效对标可以充分学习和借鉴国内外先进的用水管理理念和经验，促进建立健全内部节水良性循环机制，探索出一套适合自身的用水管理基本方法、工作流程、指标体系和激励机制，并通过及时总结成果，不断调整下一阶段的水效对标计划，持续推动用水管理水平的提升和水效指标的改进，不断提高节水经济效益。

【标准条文】

7.21

用水单元　water-use unit

需要水或产生废水的具有相对独立性的区域、单位（个人）、部门、车间、生产工序或装置（设备）等。

【条文释义】

用水单元的范围较广，包括相对独立的流域、行政区、区域、用水户、用水单位等，也包括用水单位内部的划分，如独栋建筑、部门、功能区域、车间、生产工序、装置（设备）等。

第六节　节水指标

【标准条文】

8.1

用水效率　water efficiency

衡量水的有效利用水平的指标。

注： 简称水效。一般可采用单位产品取水量、万元GDP用水量、水的重复利用率、耗水率、农田灌溉水有效利用系数及用水产品水效等级等指标衡量。

【条文释义】

用水效率是衡量经济社会水的有效利用水平的重要指标。提高用水效率是应对区域水资源短缺问题的一个重要途径，也是创建节水型社会的基本要求。用水效率的高低与水资源禀赋、经济社会发展水平等因素密切相关。用水效率包括区域用水效率、用水单位用水效率、用水产品水效等级等，对象不同，评价的指标也不相同。

对区域用水效率的评价，常用的指标有万元GDP用水量、万元工业增加值用水量、人均生活用水量、农田灌溉水有效利用系数等。对用水单位用水效率的评价，常用的指标包括单位产品取水量、工业用水重复利用率等。对用水效率的管控要求，已纳入最严格水资源管理制度，即用水效率控制红线，包括万元GDP用水量、万元工业增加值用水量和农田灌溉水有效利用系数。“十三五”以来，我国用水效率持续提升。

用水产品水效等级也是重要的用水效率指标。2017年9月，国家发展改革委、水利部、国家质检总局联合发布了《水效标识管理办法》，标志着我国水效标识管理制度的正式建立，对于推广高效节水产品、提高用水效率、推动节水技术进步等具有重要意义。

GB/T 21534—2008中用水效率的定义为“在特定的范围内，水资源有效投入和初始总的水资源投入量之比”。考虑到产生的效益与水的投入量的比值等也是重要的用水效率指标，如单位产品取水量、万元GDP用水量等，在GB/T 21534—2021中对原定义进行了完善，修改为“衡量水的有效利用水平的指标”。

【标准条文】

8.2

取水量　quantity of water intake

从各种水源或途径获取的水量。

注：包括常规水源取水量和非常规水源利用量。

8.3

常规水源取水量　quantity of conventional water intake

从各种常规水源获取的水量。

8.4

用水量　quantity of water use

用水单位的取水量与重复利用水量之和。

区域取用的包括输水损失在内的水量。

【条文释义】

GB/T 21534—2008中取水量的定义为“工业企业直接取自地表水、地下水和城镇供水工程以及企业从市场购得的其他水或水的产品的总量”。该定义中，取水量主要指取自常规水源的水量，不包括企业自取的海水和苦咸水等非常规水源的水量。随着技术的进步和管理水平的提高，在当前的企业生产活动中，取自常规水源的水量逐渐减少，取自非常规水源的水量显著增加。因此，原取水量的定义已不能满足节水管理的工作需求。GB/T 21534—2021中将取水量的定义修改为“从各种水源或途径获取的水量”，既包括从常规水源获取的水量，也包括从非常规水源获取的水量。

GB/T 21534—2008中用水量的定义为“在确定的用水单元或系统内，使用的各种水量的总和，即新水量和重复利用水量之和”。这里提到的“新水量”指取自任何水源被第一次利用的水量，包括取自常规水源和非常规水源的水量，与修订后“取水量”所涵盖的范围一致。因此，GB/T 21534—

2021中用水量的定义修改为“用水单位的取水量与重复利用水量之和”，而“新水量”的概念不再提及。另外，根据GB/T 23598—2009《水资源公报编制规程》的要求，工业企业的重复利用水量不计入区域用水总量。一定计量时期内，一定区域内的用水量常等于该区域的取水量。

【标准条文】

8.5

串联水量　quantity of series water

在确定的用水单元或系统，生产过程中产生的或使用后的水，再用于另一单元或系统的水量。

8.6

循环水量　quantity of recirculating water

在确定的用水单元或系统内，生产过程中已用过的水，再循环用于同一过程的水量。

【条文释义】

串联水量和循环水量均是由用水单元或系统产生的，直接用于同一用水单元或系统的是循环水量，用于其他用水单元或系统的是串联水量。用水单位、用水单元或系统产生的污（废）水，经过处理后被用水单位再次利用的水量为回用水量。重复利用水量（术语8.13）包括串联水量、循环水量和回用水量（术语8.16）。

【标准条文】

8.7

循环冷却水补充水量 quantity of makeup water in recirculating cooling water

用于补充循环冷却系统在运行过程中所损失的水量。

8.8

循环冷却水排污水量 quantity of blowdown from recirculating cooling water

在确定的浓缩倍数条件下，从敞开式循环冷却系统中排放的水量。

【条文释义】

循环冷却水补充水量和循环冷却水排污水量是循环冷却水量的一部分。一定时期内，循环冷却水补充水量、循环冷却水排污水量与初始进入循环冷却水系统的水量，构成统计期内的循环冷却水量。

【标准条文】

8.9

锅炉排污水量 quantity of boiler sewage

锅炉排出的含有水渣或含高浓度盐分的水量。

【条文释义】

GB/T 21534—2008中锅炉补给水的定义为“补充锅炉汽、水损失的水”，此次修订明确将补充排污损失的水纳入锅炉补给水范畴。锅炉排污水量是锅炉补给水量的一部分。

【标准条文】

8.10

排水量　quantity of water drainage

完成生产过程和生产活动之后进入自然水体或排出用水单元之外（以及排出该单元进入污水系统）的水量。

8.11

外排水量　quantity of wastewater out-discharged

完成生产过程和生产活动之后排出用水单位之外的水量。

【条文释义】

《工业用水节水与水处理技术术语大全》（中国水利水电出版社，2003年1月出版）中排水量的定义为"在完成全部生产过程（或为生活使用）之后最终排出生产（或生活）系统之外的总水量"，GB/T 21534—2008中排水量的定义为"对于确定的用水单元，完成生产过程和生产活动之后排出企业之外以及排出该单元进入污水系统的水量"。前者规定的排水量只包括排出生产企业的水量，后者规定的排水量范围既包括排出企业的水量也包括企业内部某一用水单元排放的水量。后者涵盖的水量范围更大。考虑到在实际生产活动中，排水量的概念涵盖生产企业内部用水单元排出的水量（以及排出该单元进入污水系统的水量），GB/T 21534—2021主要采用GB/T 21534—2008对排水量的解释，将其定义为"完成生产过程和生产活动之后进入自然水体或排出用水单元之外（以及排出该单元进入污水系统）的水量"。同时，采用

GB/T 21534—2008和SY/T 6269—2010《石油企业常用节能节水词汇》中外排水量这一术语，用以表示完成生产过程和生产活动之后排出用水单位之外的水量。对于某一企业来说，一定时期内外排水量小于或等于排水量。

【标准条文】

8.12

耗水量　quantity of water consumption

在生产经营活动中，以各种形式消耗和损失而不能回归到地表水体或地下含水层的水量。

【条文释义】

耗水量包括在生产经营等活动中，由于输水、用水消耗掉的水量，这些水不能回归到地表水体或地下含水层，不能直接计量。其中，输配过程损失的水基本对应损失水的概念，如渗漏、飘洒、蒸发、吸附等损失的水，以及进入产品的水。一部分用水过程消耗的水不属于损失水，属于耗水，如农业生产中的作物蒸腾作用消耗的水、居民饮用水、牲畜饮用水等。

【标准条文】

8.13

重复利用水量　quantity of recycled water

用水户内部重复使用的水量。

注：包括直接或经过处理后回收再利用的水量。

【条文释义】

GB/T 21534—2021中修订了回用水量的定义及重复利用水量的范围。

GB/T 21534—2008中回用水量的定义为“企业产生的排水，直接或经处理后再利用于某一用水单元或系统的水量”。本次修订后，回用水量（术语8.16）的定义为“用水单位产生的，经处理后进行再利用的污废水量”。

GB/T 21534—2008中重复利用水量包括循环水量和串联水量。本次修订后，重复利用水量包括串联水量、循环水量和回用水量（术语8.16）。

重复利用水量的范围见表3-3。

表3-3　重复利用水量的范围

名称	重复利用水量		
	串联水量	循环水量	回用水量
产生部位	用水单元或系统	用水单元或系统	用水单位内部
利用方式	直接	直接	处理后
利用部位	其他用水单元或系统	同一用水单元或系统	用水单位内部

【标准条文】

8.14

冷凝水回用量　quantity of reused condensate water

蒸汽经使用(例如用于汽轮机等设备做功、加热、供热、汽提分离等)冷凝后，直接或经处理后回用于锅炉和其他系统的冷凝水量。

8.15

冷凝水回收量　quantity of recovered condensate water

蒸汽经使用(例如用于汽轮机等设备做功、加热、供热、汽提分离等)冷凝后，回用于锅炉的冷凝水量。

【条文释义】

蒸汽冷凝水直接或经过处理后，用于锅炉本系统的水量属于冷凝水回收量，是高品质可以再利用的水量；一部分或全部用于其他用水系统的水量属于冷凝水回用量。冷凝水回用水量和冷凝水回收水量均是重复利用水量的组成部分，冷凝水的回收回用有利于节能和节水。

【标准条文】

8.16

回用水量　quantity of reused water

用水单位产生的，经处理后进行再利用的污废水量。

【条文释义】

见术语8.13的条文释义。

【标准条文】

8.17

供水管网漏损水量　quantity of water losses for water supply network

进入供水管网中的全部水量与注册用户用水量之间的差值。

注：包括各种类型的管线漏点、管网中水箱水池等渗漏和溢流而造成的损失水量，以及因计量器具性能缺陷或计量方式方法改变导致计量误差上的损失水量、因未注册用户用水和用户水量无查等管理因素导致的损失水量。

【条文释义】

供水管网漏损水量是指在统计期内，区域内供水总量与注册用户用水量之间的差值，即按式（3-3）计算：

供水管网漏损水量 = 供水总量-注册用户用水量　（3-3）

在CJJ 92—2016《城镇供水管网漏损控制及评定标准》中，供水管网的漏损水量是指供水总量与注册用户用水量之间的差值，由漏失水量、计量损失水量和其他损失水量组成。其中，漏失水量包括明漏水量、暗漏水量、背景漏失水量、水箱水池的渗漏和溢流水量；计量损失水量包括居民用户总分表差损失水量和非居民用户表误差损失水量；其他损失水量包括因未注册用户用水和用户水量无查等管理因素导致的损失水量。

【标准条文】

8.18

节水量　water-saving quantity

满足同等需要或达到相同目的的条件下，通过采取各类措施，而减少的用水量。

8.19

项目减排水量　water drainage reduction by projects

满足同等需要或达到相同目的的条件下，项目在统计报告期的排水量与基期的校准排水量之差。

【条文释义】

科学度量节水成效，对于指导节水管理工作具有重要意义。最直观度量节水成效的指标为节水量。根据对象不同，节水量主要包括区域节水量、用水户节水量和项目节水量。区域节水量的概念目前主要应用在城市建设统计年鉴中，为“节约用水量”。根据住房城乡建设部发布的《2020年城市建设统计年鉴》，2020年全国城市节约用水量为70.8亿m^3。用水户节水量概念最早应用在的石油企业。2010年8月，国家能源局发布SY/T 6269—2010，提出企业节水量的概念，即“企业统计报告期内实际新水用量与按比较基准计算的新水用量之差”。2017年9月，国家标准委发布GB/T 34147—2017《项目节水评估技术导则》、GB/T 34148—2017《项目节水量计算导则》，给出了项目节水量的定义，即“满足同等需要或达到相同目的的条件下，通过项目实施，用水单位的取水量相对于未实施项目的减少量”，并介绍了项目节水量的计算方法。2020年10月，GB/T 39186—2020《钢铁行业项目节水量计算方法》发布，项目节水量仍采用了GB/T 34147—2017和GB/T 34148—2017中的概念。

为统一规范区域、用水户或项目节水量的定义，GB/T 21534—2021中给出了节水量的定义，即“满足同等需要或达到相同目的的条件下，通过采取各类措施，而减少的用水量”。

减排水量也是评价节水直接效益的重要指标。目前，减排水量主要应用在项目节水效益评价方面，所以术语名称为项目减排水量。GB/T 21534—2021中项目减排水量的定义直接沿用了GB/T 34147—2017中的概念，即“满足同等需要或达到相同目的的条件下，项目在统计报告期的排水量与基期的校准排水量之差”。其中，校准排水量为根据项目实施前节水水平和统计报告期条件，推算得到的项目边界内用水单位（企业）、系统、设备不采用项目节水措施时的排水量。项目减排水量的计算程序和方法参照GB/T 34147—2017。

【标准条文】

8.20

单位产品取水量　water intake per unit product

在一定的计量时间内，生产单位产品的取水量。

【条文释义】

单位产品取水量是在一定的计量时间内，用水单位生产单位产品需要从各种水源或途径获取的水量，包括常规水源取水量和非常规水源利用量。在GB/T 21534—2021中，由于取水量的定义发生改变，单位产品取水量也随之改变。GB/T 21534—2008中单位产品取水量的定义只包括常规水源的取水量，修订后同时包括非常规水源利用量。

单位产品取水量按式（3-4）计算：

$$V_{ui}=\frac{V_i}{Q} \tag{3-4}$$

式中：V_{ui}——单位产品取水量，单位为立方米每单位产品；

V_i——在一定的计量时间内，生产过程中各种水源的取水量总和，单位为立方米（m^3）；

Q——在一定计量时间内产品产量。

【标准条文】

8.21

万元GDP用水量　water use per 10 000 yuan GDP

一定时期、一定区域内每生产一万元地区生产总值的用水量。

8.22

万元工业增加值用水量　water use per 10 000 yuan industrial added value

一定时期、一定区域内每生产一万元工业增加值的用水量。

注：不包括火电直流冷却用水量。

【条文释义】

万元GDP用水量是一项综合性水资源利用效率指标，能宏观地反映国家、地区或行业总体经济的用水效率情况和节水发展成就。万元GDP用水量为区域用水量与地区生产总值（万元）的比值，有当年价、不变价和可比价之分，三者之间可进行转化。GDP是国内生产总值（Gross Domestic Product）的英文缩写，在描述地区性生产时称地区生产总值，是指在一定时期内，一个国家或地区的经济中所生产出的全部最终产品和劳务的价值。计算GDP主要有三种方法，分别为生产法、收入法和支出法。我国计算GDP主要使用生产法。万元GDP用水量是最严格水资源管理制度中用水效率控制红线的重要评价指标之一。近20年来，我国万元GDP用水量呈总体下降态势，2019年万元GDP（当年价）用水量60.8m^3，与2015年相比，下降23.7%（按可比价计算）。

万元工业增加值用水量是表征工业用水效率的一项重要指标，也是最严格水资源管理制度用水效率控制的重要考核指标之一。万元工业增加值用水量为区域工业用水量与工业增加值（万元）的比值，也有当年价、不变价和可比价之分，三者之间可进行转化。工业增加值是指工业企业在报告期内以货币形式表现的工业生产活动的最终成果，是工业企业全部生产活动的总成果扣除了在生产过程中消耗或转移的物质产品和劳务价值后的余额，是工业企业生产过程中新增加的价值。工业增加值的计算方法有两种，即生产法和收入法。我国计算工业增加值主要使用生产法。近20年来，我国万元工业增加值用水量也呈总体下降态势，2019年万元工业增加值（当年价）用水量38.4m^3，与2015年相比，下降27.5%（按可比价计算）。

【标准条文】

> 8.23
>
> **取水定额　norm of water intake**
>
> 提供单位产品、过程或服务所需要的标准取水量。
>
> 注：也称用水定额。

【条文释义】

由于取水量定义的改变，取水定额的界定范围随之产生变化。GB/T 21534—2021中，取水量包括常规水源取水量和非常规水源利用量，较原定义增加了非常规水源利用量。因此，取水定额不止规定了单位产品、过程或服务所需的常规水源取水量，也包括非常规水源部分。目前，我国发布的取水定额标准一般规定的是常规水源部分。

近年来，越来越多的用水单位采用再生水、海水淡化水、集蓄雨水等非常规水作为取水水源之一，使得用水单位的取水构成和用水系统发生了变化。同时随着定额管理的深入，将非常规水源纳入定额管理逐渐成为趋势。新修订发布的GB/T 18916.1—2021《取水定额　第1部分：火力发电》中将非常规水源纳入定额管理，给出了非常规水源与常规水源的转化系数。GB/T 21534—2021中取水定额的概念为未来扩展定额管理范畴提供切入点，可以通过修订标准等形式，逐步将非常规水源纳入定额管理。

【标准条文】

8.24

计划用水率　planned water use rate

列入年度取水计划的实际取水量(含自来水厂用户的计划用水量)占全部供水量（不含居民用水）的比例，或者列入年度用水计划的实际取水户(含自来水厂用户的计划用水户)数占全部取水户（不含居民用水户）的比例。

【条文释义】

计划用水是当前我国水资源管理中的一项基础制度，是控制用水总量增长、提高社会用水效率、约束各行业用水行为的重要手段。《中华人民共和国水法》《取水许可和水资源费征收管理条例》《城市供水条例》《国务院关于实行最严格水资源管理制度的意见》等法规文件均对计划用水制度及管理提出了明确要求。

根据水利部印发的《计划用水管理办法》中规定，对纳入取水许可管理的单位和其他用水大户实行计划用水管理，其他用水大户指公共管网内一定规模以上的非居民用水单位，具体规模由各省根据实际情况确定。用水单位的用水计划由年计划用水总量、月计划用水量、水源类型和用水用途构成。年计划用水总量、水源类型和用水用途由具有管理权限的水行政主管部门核定下达，不得擅自变更。月计划用水量由用水单位根据核定下达的年计划用水总量自行确定，并报管理机关备案。管理机关根据本行政区域年度用水总量控制指标、用水定额和用水单位的用水记录，按照统筹协调、综合平衡、留有余地的原则，核定用水单位的用水计划，并于每年1月31日前以书面形式下达。

计划用水率是评价区域节约用水工作成效和计划用水管理情况的一项重要指标，GB/T 28284—2012《节水型社会评价指标体系和评价方法》中计划用水率的定义为“列入年度取水计划的实际取水量（含自来水厂用户的计划用水量）占年总取水量的百分比”。实际工作中，部分地区将列入年度用水计划的实际取水户(含自来水厂用户的计划用水户)数与全部取水户（不含居民用水户）数的比值称为计划用水率。综合GB/T 28284—2012和地方实际操作的情况，GB/T 21534—2021中将计划用水率定义为“列入年度取水计划的实际取水量（含自来水厂用户的计划用水量）占全部供水量（不含居民用水）的比例，或者列入年度用水计划的实际取水户（含自来水厂用户的计划用水户）数占全部取水户（不含居民用水户）的比例”。

计划用水率按式（3-5）或式（3-6）计算：

计划用水率 = 列入年度取水计划的实际取水量（含自来水厂用户的计划用水量）/全部供水量（不含居民用水）× 100%　（3-5）

计划用水率 = 列入年度用水计划的实际取水户（含自来水厂用户的计划用水户）数/全部取水户（不含居民用水户）数 × 100%　（3-6）

【标准条文】

8.25

工业用水重复利用率　recycling rate of industrial water

在一定的计量时间内，工业生产过程中使用的重复利用水量占用水量的比率。

【条文释义】

工业用水重复利用率按式（3-7）计算：

工业用水重复利用率 = 重复利用水量 / 用水量 × 100%　（3-7）

【标准条文】

8.26

节水器具普及率　water-saving appliance popularity rate

公共生活和居民生活用水使用节水器具数占总用水器具数的比率。

【条文释义】

节水器具普及率是指公共生活和居民生活用水使用节水器具数占总用水器具数的比率。这里的节水器具包括采用节水措施改造的用水器具。根据2012年住房城乡建设部、国家发展改革委联合印发的《国家节水型城市考核标准》（建城〔2012〕57号），节水型城市建成区的节水器具普及率应达到100%，公共场所用水必须使用节水器具，居民家庭应当使用节水器具或采取节水措施的用水器具。

节水器具普及率按式（3-8）计算：

节水器具普及率 = 节水器具数 / 总用水器具数 ×100%　　（3-8）

节水器具普及率是反映节水型社会建设效果的重要指标，一般通过随机抽样法获得。

【标准条文】

> 8.27
>
> **用水计量率　water metering rate**
>
> 在一定的计量时间和范围内，计量的水量占其全部水量的比率。

【条文释义】

用水计量率按式（3-9）计算：

用水计量率 = 水计量器具计量的用水量 / 总用水量 × 100%　　（3-9）

区域尺度上，如果该区域的用水户和所有农业灌溉设施都有效实现了一级计量，那么在不考虑漏损的情况下，该区域的用水计量率可以理解为100%。

行业角度上，如果该行业的所有用水单位都有效实现了一级计量，那么在不考虑漏损的情况下，该行业的用水计量率可以理解为100%。

对于工业用水单位，如果严格按照国家水计量器具配备和管理有关标准实施了用水计量，其水计量器具配备率应满足表3–4的要求。

表 3–4　工业用水单位水计量器具配备率要求

项目	用水单位	次级用水单位	主要用水设备（用水系统）
水计量器具配备率	100%	≥ 95%	≥ 85%

水计量器具配备优先满足用水量较大的次级用水单位、功能区域、设备和设施的计量。那么在不考虑漏损的情况下，其用水单位的水计量器具配备率为100%，次级用水单位的水计量器具配备率不低于95%，主要用水设备的水计量器具配备率不低于85%。由于三级计量中的水计量器具配备率要求是针对用水量不小于1 m^3/h的主要用水设备，不是针对所有的用水设备，因此其实际的三级用水计量率要具体计算。

对于服务业用水单位，如果严格按照国家水计量器具配备和管理有关标准实施了用水计量，其水计量器具配备率应满足表3-5的要求。

表 3-5　服务业用水单位水计量器具配备率要求

项目	用水单位	主要功能区域	主要用水设备（用水系统）
水计量器具配备率	100%	≥ 95%	≥ 85%

水计量器具配备优先满足用水量较大的次级用水单位、功能区域、设备和设施的计量。那么在不考虑漏损的情况下，其用水单位的水计量器具配备率为100%，主要功能区域的水计量器具配备率不低于95%，主要用水设备的水计量器具配备率不低于85%。

【标准条文】

8.28

循环利用率　recirculating rate

在一定的计量时间内，一个单元生产过程中使用的循环水量占用水量的比率。

【条文释义】

循环利用率按式（3-10）计算：

循环利用率 = 循环水量 / 用水量 × 100%　　（3-10）

【标准条文】

8.29

冷凝水回用率 condensate reused rate

在一定的计量时间内，冷凝水回用量占锅炉蒸汽蒸发量的比率。

8.30

冷凝水回收率 condensate recovery rate

在一定的计量时间内，冷凝水回收量占锅炉蒸汽蒸发量的比率。

【条文释义】

冷凝水回用率按式（3–11）计算：

$$冷凝水回用率 = 冷凝水回用量 / 锅炉蒸汽蒸发量 \times 100\% \tag{3–11}$$

冷凝水回收率按式（3–12）计算：

$$冷凝水回收率 = 冷凝水回收量 / 锅炉蒸汽蒸发量 \times 100\% \tag{3–12}$$

【标准条文】

8.31

产水率 water production rate

原水（一般为自来水）经深度净化处理产出的净水量占原水量的比率。

【条文释义】

产水率是反映净水机等制水设备净化水的效率的参数，

按式（3–13）计算：

$$产水率 = 净水量 / 原水量 \times 100\% \qquad (3\text{–}13)$$

根据GB 34914—2021《净水机水效限定值及水效等级》，净水机水效等级指标包括净水产水率和额定总净水量，各分为3级，3级（最低）水效净水产水率≥45%，额定总净水量≥2000 L；1级（最高）水效净水产水率≥65%，额定总净水量≥4000 L。

【标准条文】

> 8.32
>
> **工业废水回用率　reuse rate of industrial sewage**
>
> 在一定的计量时间内，工业企业的生产废水和生活污水，经处理再利用的水量占排水量的比率。

【条文释义】

GB/T 21534—2021中工业废水回用率的含义与GB/T 21534—2008中污水处理回用率一致，指在一定的计量时间（月、季度或年）内，工业企业的生产废水和生活污水，经处理再利用的水量占排水量的比率。

工业废水回用率按式（3–14）计算：

$$工业废水回用率 = 污废水再生利用水量 / 排水量 \times 100\% \qquad (3\text{–}14)$$

2021年12月，工业和信息化部、国家发展改革委、科技部、生态环境部、住房城乡建设部、水利部联合印发《工业废水循环利用实施方案》（工信部联节〔2021〕213号），提出到2025年力争规模以上工业用水重复利用率达到94%左右，钢铁、石化化工、有色等行业规模以上工业用水重复利用率进一步提升，基本形成主要用水行业废水高效循环利用新格局。

【标准条文】

8.33

浓缩倍数　cycle of concentration

在敞开式循环冷却水系统中，由于蒸发使循环水中的盐类不断累积浓缩，循环水的含盐量与补充水的含盐量之比。

注：也称浓缩倍率。

【条文释义】

浓缩倍数按式（3-15）计算：

浓缩倍数=循环水含盐量/补充水含盐量×100%　（3-15）

通常将循环冷却水及补充水中的某一特征离子（例如K^+、Cl^-、Ca^{2+}）的浓度的比值作为循环冷却水的浓缩倍数。其中，以K^+作为浓缩倍数的标准物最佳。因为钾盐的溶解度较大，在循环冷却水运行中不会析出，一般药剂中均不含K^+。

浓缩倍数是循环冷却水系统日常运行中需要控制和管理的一个重要指标。只有把浓缩倍数控制在规定的管理指标内，才能保证化学处理的效果，才能节水，节约水质稳定药剂、降低处理费用，使系统运行最佳化。

【标准条文】

> 8.34
>
> **供水管网综合漏损率　water loss rate for water supply network system**
>
> 管网漏损水量占供水总量的比率。

【条文释义】

供水管网综合漏损率按式（3–16）计算：

供水管网综合漏损率 = 管网漏损水量 / 供水总量 × 100%　　（3–16）

其中，管网漏损水量是指供水总量和注册用户用水量之间的差值，由管网漏失水量、计量损失水量和其他损失水量组成。管网漏失水量是指由各种类型的管线漏点、管网中水箱及水池等渗漏和溢流造成的实际漏掉的水量。

【标准条文】

> 8.35
>
> **城市污水再生利用率　urban sewage recycling rate**
>
> 符合国家、行业和地方水质标准规定的城市污水再生利用量占污水处理总量的比率。

【条文释义】

城市污水再生利用率按式（3–17）计算：

城市污水再生利用率 = 城市污水再生利用量 / 污水处理总量 × 100%　　（3–17）

例如，2019年我国城市污水处理总量536.93亿m^3，市政污水再生利用量116.08亿m^3，按式（3-17）计算，2019年我国城市污水再生利用率为21.62%。

附录一

节水术语在GB/T 21534—2008及其他国家标准中的解释

序号	术语	出处	解释
1	水资源	GB/T 21534—2008 工业用水节水　术语	地球上一切可以得到和利用的水
		GB/T 30943—2014 水资源术语	地表和地下可供人类利用又可更新的水 注：通常指较长时间内保持动态平衡，可通过工程措施供人类利用，可以恢复和更新的淡水。
2	常规水资源	GB/T 21534—2008 工业用水节水　术语	陆地上能够得到且能自然水循环不断得到更新的淡水，包括陆地上的地表水和地下水
3	非常规水资源	GB/T 21534—2008 工业用水节水　术语	地表水和地下水之外的其他水资源，包括海水、苦咸水和再生水等
		GB/T 7119—2006 节水型企业评价导则	地表水和地下水之外的其他水资源，包括海水、苦咸水、矿井水和城镇污水再生水等
		GB/T 26719—2011 企业用水统计通则	统计项目包括：海水量、苦咸水量、矿井水量、城镇污水再生水量 注：非常规水资源取水量以净化后或淡化后供水计量。
		GB/T 30943—2014 水资源术语	经处理后可加以利用或在一定条件下可直接利用的海水、废污水、微咸水或咸水、矿井水等，有时也包括原本难以利用的雨洪水等

续表

序号	术语	出处	解释
4	再生水	GB/T 21534—2008 工业用水节水　术语	以污废水为水源，经再生工艺净化处理后水质达到再利用标准的水
		GB/T 22103—2008 城市污水再生回灌农田安全技术规范	（城市再生水）城市污水经再生工艺处理后达到使用功能的水
		GB/T 30943—2014 水资源术语	污水经过适当处理后，达到一定的水质指标，满足某种使用要求，可以再次利用的水
		GB/T 32716—2016 用水定额编制技术导则	城镇污水处理厂深度处理后，达到一定水质指标，满足使用要求的水
		GB/T 35577—2017 建筑节水产品术语	雨水、污水经处理后，水质达到利用要求的水
5	矿井水	GB/T 21534—2008 工业用水节水　术语	在采矿过程中，矿床开采破坏了地下水原始赋存状态而产生导水裂隙，使周围水沿着原有的和新的裂隙渗入井下采掘空间而形成的矿井涌水
6	苦咸水	GB/T 21534—2008 工业用水节水　术语	存在于地表或地下，含盐量大于 1000 mg/L 的水
		GB/T 30943—2014 水资源术语	矿化度大于 3 g/L、味苦咸，含有以硫酸镁、氯化钠为主的多种化学成分的水
7	工艺用水	GB/T 21534—2008 工业用水节水　术语	工业生产中，用于制造、加工产品以及与制造、加工工艺过程有关的用水

续表

序号	术语	出处	解释
8	洗涤用水	GB/T 21534—2008 工业用水节水　术语	生产过程中，对原材料、半成品、成品、设备等进行洗涤的水
9	锅炉用水	GB/T 21534—2008 工业用水节水　术语	锅炉产蒸汽或产水所需要的用水及锅炉水处理自用水
10	锅炉补给水	GB/T 21534—2008 工业用水节水　术语	补充锅炉汽、水损失的水
11	软化水	GB/T 21534—2008 工业用水节水　术语	去除钙、镁等具有结垢性质离子至一定程度的水
12	除盐水	GB/T 21534—2008 工业用水节水　术语	去除水中阴、阳离子至一定程度的水
13	蒸汽冷凝水	GB/T 21534—2008 工业用水节水　术语	水蒸气经冷却后凝结而成的水
14	串联水	GB/T 21534—2008 工业用水节水　术语	在确定的用水单元或系统，生产过程中产生的或使用后的，且再用于另一单元或系统的水
15	直接冷却水	GB/T 21534—2008 工业用水节水　术语	与被冷却物料直接接触的冷却水
16	间接冷却水	GB/T 21534—2008 工业用水节水　术语	通过热交换设备与被冷却物料隔开的冷却水
17	直流冷却水	GB/T 21534—2008 工业用水节水　术语	经一次使用后，直接排放的冷却水
18	循环冷却水	GB/T 21534—2008 工业用水节水　术语	循环用于同一过程的冷却水
19	回用水	GB/T 21534—2008 工业用水节水　术语	企业产生的排水，直接或经处理后再利用于某一用水单元或系统的水

续表

序号	术语	出处	解释
20	节水灌溉	GB/T 24670—2009 节水灌溉设备　词汇	根据作物的需水规律及当地的供水条件，为获得农业最佳经济效益、生态环境效益而采取的有效利用天然降水和灌溉水的多种措施的总称
		GB/T 30943—2014 水资源术语	充分利用灌溉水源，最大限度提高灌溉用水效率与效益的灌溉模式
		GB/T 35577—2017 建筑节水产品术语	采取工程措施、改进灌水技术和管理工作等以提高灌溉水利用率和效益的综合措施
21	喷灌机	GB/T 24670—2009 节水灌溉设备　词汇	将动力机、泵、管路、喷头、移动装置等按一定方式组合配套具有整体性的喷灌机械
22	管道输水灌溉系统	GB/T 20203—2017 管道输水灌溉工程技术规范	通过管道将水从水源输送到田间进行灌溉的各级管道及附属设施组成的系统
23	灌溉制度	GB/T 30943—2014 水资源术语	按作物需水要求和不同灌水方法制定的灌水次数、每次灌水的灌水时间和灌水定额以及灌溉定额的总称
		GB/T 35577—2017 建筑节水产品术语	根据不同气象、灌水方法、灌水次数、灌水时间、灌水定额、灌溉定额、植物耗水规律和水源状况而制定的灌溉系统的年度灌水方案
24	灌溉用水定额	GB/T 29404—2012 灌溉用水定额编制导则	在规定位置和规定水文年型下核定的某种作物在一个生育期内单位面积的灌溉用水量

续表

序号	术语	出处	解释
25	渠系水利用系数	GB/T 30943—2014 水资源术语	各末级固定渠道尾端流出水量之和与渠首相应引水量的比值
26	田间水利用系数	GB/T 30943—2014 水资源术语	灌入田间蓄积于土壤根系层中可供作物利用的水量与末级固定渠道放出水量的比值
27	农田灌溉水有效利用系数	GB/T 28284—2012 节水型社会评价指标体系和评价方法	评价年作物净灌溉需水量占灌溉水量的比例系数
28	灌溉水利用系数	GB/T 30943—2014 水资源术语	灌入田间蓄积于土壤根系层中可供作物利用的水量与渠首相应引水量的比值
		GB/T 35577—2017 建筑节水产品术语	灌入田间可被作物利用的水量与渠首引进的总水量的比值
29	节约用水	GB/T 30943—2014 水资源术语	为提高用水效率而科学合理地减少供、用水量
30	计划用水	GB/T 30943—2014 水资源术语	用水户依据生产计划和合理的用水定额编制用水计划，并按计划调度配水
31	累进制水价	GB/T 30943—2014 水资源术语	也称阶梯水价。水价随用水量的逐段递增而增加
32	合同节水管理	GB/T 34149—2017 合同节水管理技术通则	节水服务企业与用水单位以契约形式，通过集成先进节水技术为用水单位提供节水改造和管理等服务，获取收益的节水服务机制
33	节水产品认证	GB/T 21534—2008 工业用水节水　术语	依据相关的标准或技术规范，经相关机构审核通过并发布相关节水产品认证标志，证明某一认证产品为节水产品的活动

续表

序号	术语	出处	解释
34	节水型社会	GB/T 30943—2014 水资源术语	全面实行节约用水和高效用水的社会
35	节水型企业	GB/T 7119—2006 节水型企业评价导则	采用先进适用的管理措施和节水技术，经评价用水效率达到国内同行业先进水平的企业
36	节水潜力	GB/T 30943—2014 水资源术语	一定的经济、社会、技术条件下，用水户可以节约的最大用水量
37	节水管理绩效	GB/T 37813—2019 公共机构节水管理规范	与节水管理有关的可量化的结果
38	水计量率	GB 24789—2009 用水单位水计量器具配备和管理通则	在一定的计量时间内，用水单位、次级用水单位、用水设备（用水系统）的水计量器具计量的水量与占其对应级别全部水量的百分比
39	水平衡测试	GB/T 30943—2014 水资源术语	测定、检查、试验一个用水单元的用水、耗水、排水，进行水量平衡的分析、计算 注：用水单元可以是企业、工厂、车间、灌区、居民小区等。
40	用水审计	GB/T 33231—2016 企业用水审计技术通则	依据有关的法律法规和标准，在既定的范围内，为摸清企业用水现状、提出节水方案，对企业的用水状况进行检测、核查、分析和评价的活动
41	水系统集成优化	GB/T 29749—2013 工业企业水系统集成优化导则	将整个用水系统作为一个有机的整体，按照各用水过程的水量和水质，系统和综合地合理分配用水，使用水系统的新水量和废水排放量在满足给定的约束条件下同时达到最小最优的方法

续表

序号	术语	出处	解释
42	工业企业水效对标	GB/T 33749—2017 工业企业水效对标指南	工业企业对其水资源利用的相关数据等信息进行收集整理，并与企业内外水效标杆进行对比分析、寻找差距和持续改进，提高用水效率的活动
43	用水单元	GB/T 29749—2013 工业企业水系统集成优化导则	需要水或产生废水的具有相对独立性的生产工序、装置（设备）或生产车间、部门等
44	用水效率	GB/T 21534—2008 工业用水节水　术语	在特定的范围内，水资源有效投入和初始总的水资源投入量之比
		GB/T 30943—2014 水资源术语	也称水有效利用率。水的耗用量与取用量的比率
45	取水量	GB/T 21534—2008 工业用水节水　术语	工业企业直接取自地表水、地下水和城镇供水工程以及企业从市场购得的其他水或水的产品的总量
		GB/T 7119—2006 节水型企业评价导则	企业从各种水源提取的水量 注：取水量，包括取自地表水（以净水厂供水计量）、地下水、城镇供水工程，以及企业从市场购得的其他水或水的产品（如蒸汽、热水、地热水等），不包括企业自取的海水和苦咸水等以及企业为外供给市场的水的产品（如蒸汽、热水、地热水等）而取用的水量。
		GB/T 12452—2008 企业水平衡测试通则	工业企业直接取自地表水、地下水和城镇供水工程以及企业从市场购得的其他水或水的产品的总量

续表

序号	术语	出处	解释
46	用水量	GB/T 21534—2008 工业用水节水　术语	在确定的用水单元或系统内，使用的各种水量的总和，即新水量和重复利用水量之和
		GB/T 7119—2006 节水型企业评价导则	企业的生产过程中所使用的各种水量的总和，用水量为取水量和重复利用水量之和 注：企业生产的用水量，包括主要生产用水、辅助生产（包括机修、运输、空压站等）用水和附属生产（包括绿化、浴室、食堂、厕所、保健站等）用水。
		GB/T 12452—2008 企业水平衡测试通则	在确定的用水单元或系统内，使用的各种水量的总和，即新水量和重复利用水量之和
		GB/T 30943—2014 水资源术语	人类社会中各类用水户取用水量的总称 注：按照计量点的不同可分为毛用水量和净用水量。在取水口计量包括输水损失在内的为毛用水量，在输水系统末端计量分配到用水户的为净用水量。
		GB/T 32716—2016 用水定额编制技术导则	用水户的取水量 注：包括从公共供水工程取水（含再生水、海水淡化水）、自取地表水（含雨水集蓄利用）、地下水、市场购得的水产品等，不包括重复利用水量。农业用水包含斗口（或井口）以下输水损失。取自供水工程的工业和生活用水不包含供水工程的输水损失。

续表

序号	术语	出处	解释
46	用水量	GB/T 35577—2017 建筑节水产品术语	在确定的用水单元或系统内，某一时段内使用的新水量与重复利用水量的总和
47	串联水量	GB/T 21534—2008 工业用水节水　术语	在确定的用水单元或系统，生产过程中产生的或使用后的水，再用于另一单元或系统的水量
		GB/T 12452—2008 企业水平衡测试通则	在确定的用水单元或系统，生产过程中产生的或使用后的水量，再用于另一单元或系统的水量
48	循环水量	GB/T 21534—2008 工业用水节水　术语	在确定的用水单元或系统内，生产过程中已用过的水，再循环用于同一过程的水量
		GB/T 12452—2008 企业水平衡测试通则	在确定的用水单元或系统内，生产过程中已用过的水，再循环用于同一过程的水量
49	循环冷却水补充水量	GB/T 21534—2008 工业用水节水　术语	用于补充循环冷却水系统在运行过程中所损失的水量
50	循环冷却水排污水量	GB/T 21534—2008 工业用水节水　术语	在确定的浓缩倍数条件下，从敞开式循环冷却水系统中排放的水量
51	锅炉排污水量	GB/T 21534—2008 工业用水节水　术语	锅炉排出的含有水渣或含高浓度盐分的水量
52	排水量	GB/T 21534—2008 工业用水节水　术语	对于确定的用水单元，完成生产过程和生产活动之后排出企业之外以及排出该单元进入污水系统的水量

续表

序号	术语	出处	解释
52	排水量	GB/T 12452—2008 企业水平衡测试通则	对于确定的用水单元或系统，完成生产过程和生产活动之后排出企业之外以及排出该单元进入污水系统的水量
53	退水量	GB/T 17367—1998 取水许可技术考核与管理通则	取水许可持证人取用的水量，经利用后退入自然水体的水量
54	外排水量	GB/T 21534—2008 工业用水节水　术语	完成生产过程和生产活动之后排出企业之外的水量
55	耗水量	GB/T 21534—2008 工业用水节水　术语	在确定的用水单元或系统内，生产过程中进入产品、蒸发、飞溅、携带及生活饮用等所消耗的水量
		GB/T 12452—2008 企业水平衡测试通则	在确定的用水单元或系统内，生产过程中进入产品、蒸发、飞溅、携带及生活饮用等所消耗的水量
56	重复利用水量	GB/T 30943—2014 水资源术语	用水户内部重复使用的水量 注：包括直接或经过处理后回收再利用的水量。
57	冷凝水回用量	GB/T 21534—2008 工业用水节水　术语	蒸汽经使用（例如用于汽轮机等设备作功、加热、供热、汽提分离等）冷凝后，直接或经处理后回用于锅炉和其他系统的冷凝水量
58	冷凝水回收量	GB/T 21534—2008 工业用水节水　术语	蒸汽经使用（例如用于汽轮机等设备作功、加热、供热、汽提分离等）冷凝后，回用于锅炉的冷凝水量

续表

序号	术语	出处	解释
59	回用水量	GB/T 21534—2008 工业用水节水　术语	企业产生的排水，直接或经处理后再利用于某一用水单元或系统的水量
		GB/T 12452—2008 企业水平衡测试通则	企业产生的排水，直接或经处理后再利用于某一用水单元或系统的水量
60	项目节水量	GB/T 34147—2017 项目节水评估技术导则	满足同等需要或达到相同目的的条件下，通过项目实施，用水单位的取水量相对于未实施项目的减少量
		GB/T 34148—2017 项目节水量计算导则	满足同等需要或达到相同目的的条件下，通过项目实施，用水单位的取水量相对于未实施项目的减少量
61	项目减排水量	GB/T 34147—2017 项目节水评估技术导则	满足同等需要或达到相同目的的条件下，项目在统计报告期的排水量与基期的校准排水量之差
62	单位产品取水量	GB/T 21534—2008 工业用水节水　术语	在一定计量时间内，生产单位产品的取水量
		GB/T 18820—2011 工业企业产品取水定额编制通则	企业生产单位产品需要从各种常规水资源提取的水量 注：工业生产的取水量，包括取自地表水（以净水厂供水计量）、地下水、城镇供水工程，以及企业从市场购得的其他水或水的产品（如蒸汽、热水、地热水等）的水量。其中，工业生产包括主要生产、辅助生产和附属生产。

续表

序号	术语	出处	解释
62	单位产品取水量	GB/T 30943—2014 水资源术语	企业生产单位产品需要从各种水源提取的水量 注：常用单位为立方米每单位产品。取水量包括取自地表水（以净水厂供水计算）、地下水、供水工程的水，以及企业从市场购买的其他水或水产品，不包括企业自取的海水和苦咸水等，以及企业为外供给市场的水产品而取用的水量。
63	单位产品用水量	GB/T 30943—2014 水资源术语	企业生产单位产品的用水量，为取水量和重复利用水量之和 注：包括生产用水、辅助生产用水和附属生产用水。
64	万元 GDP 用水量	GB/T 30943—2014 水资源术语	一定时期一定区域内平均每产生一万元区内生产总值的取用水量
65	万元产值取水量	GB/T 21534—2008 工业用水节水　术语	在一定计量时间内，生产一万元工业产值的产品的取水量
		GB/T 30943—2014 水资源术语	每生产一万元产值的产品的取水量 注：包括企业的生产、生活取水量。
66	万元工业增加值取水量	GB/T 21534—2008 工业用水节水　术语	在一定的计量时间内，实现一万元工业增加值的取水量
		GB/T 28284—2012 节水型社会评价指标体系和评价方法	地区评价年每产生一万元工业增加值的取水量
67	万元工业增加值用水量	GB/T 30943—2014 水资源术语	一定时期一定区域内平均每产生一万元工业增加值的取用水量

续表

序号	术语	出处	解释
68	取（用）水定额	GB/T 21534—2008 工业用水节水　术语	在一定的生产条件和管理条件下，对生产单位产品或创造单位产值所规定的取水量
69	用水定额	GB/T 32716—2016 用水定额编制技术导则	一定时期内用水户单位用水量的限定值。 注：包括农业用水定额、工业用水定额、服务业及建筑业用水定额和生活用水定额。
		GB/T 30943-2014 水资源术语	单位时间内，单位产品或价值量、单位面积、人均等用水量的规定限额
70	计划用水率	GB/T 28284—2012 节水型社会评价指标体系和评价方法	列入年度取水计划的实际取水量（含自来水厂用户的计划用水量）占年总取水量的百分比
71	重复利用率	GB/T 21534—2008 工业用水节水　术语	在一定的计量时间内，生产过程中使用的重复利用水量与用水量的百分比
		GB/T 30943—2014 水资源术语	用水户内部重复使用的水量与相应总用水量的比值。 注：通常用百分率表示。
72	工业用水重复利用率	GB/T 28284—2012 节水型社会评价指标体系和评价方法	评价年工业用水重复利用量占工业总用水的百分比
73	节水器具普及率	GB/T 28284—2012 节水型社会评价指标体系和评价方法	评价年公共生活和居民生活用水使用节水器具数与总用水器具之比。节水器具包括节水型水龙头、便器、洗衣机和淋浴器
74	循环利用率	GB/T 21534—2008 工业用水节水　术语	在一定的计量时间内，一个单元生产过程中使用的循环水量与用水量的百分比

续表

序号	术语	出处	解释
75	蒸汽冷凝水回用率	GB/T 21534—2008 工业用水节水　术语	在一定的计量时间内，蒸汽冷凝水回用量占锅炉蒸汽发汽量的百分比
76	蒸汽冷凝水回收率	GB/T 21534—2008 工业用水节水　术语	在一定的计量时间内，蒸汽冷凝水回收量占锅炉蒸汽发汽量的百分比
77	产水率	GB/T 35577—2017 建筑节水产品术语	原水（一般为自来水）经深度净化处理产出的直饮水量与原水量的比值
78	污水处理回用率	GB/T 21534—2008 工业用水节水　术语	在一定的计量时间内，企业内生产的生活和生产污水，经处理再利用的水量与排水量的百分比
79	浓缩倍数	GB/T 21534—2008 工业用水节水　术语	在敞开式循环冷却水系统中，由于蒸发使循环水中的盐类不断累积浓缩，循环水的含盐量与补充水的含盐量的比值
80	城镇供水管网漏损率	GB/T 28284—2012 节水型社会评价指标体系和评价方法	评价年自来水厂产水总量与收费水量之差占产水总量的百分比
81	供水管网漏失率	GB/T 30943—2014 水资源术语	输水、配水管网漏失的水量与进入相应管网水量的比值

附录二　GB/T 21534—2021《节约用水　术语》

ICS 13.060.25
CCS F 04

中华人民共和国国家标准

GB/T 21534—2021
代替 GB/T 21534—2008

节约用水　术语

Water saving—Terminology

2021-12-31 发布　　2022-07-01 实施

国家市场监督管理总局
国家标准化管理委员会　发布

前　言

本文件按照GB/T 1.1—2020《标准化工作导则　第1部分：标准化文件的结构和起草规则》的规则起草。

本文件代替GB/T 21534—2008《工业用水节水　术语》，与GB/T 21534—2008相比，除结构调整和编辑性改动外，主要技术变化如下：

a）增加了服务业和农业节约用水术语（见第5章和第6章）；

b）增加了用水类别及节水管理与指标术语（见4.8、4.15、4.16、7.1、7.2、7.3、7.4、7.5、7.6、7.8、7.9、7.10、7.11、7.12、7.14、7.15、7.17、7.18、7.19、7.20、7.21、8.17、8.19、8.21、8.24、8.26、8.27、8.31、8.32、8.34、8.35）；

c）删除了工业工艺与设备等相关术语（见2008年版的2.4、2.5、3.1、3.4、3.7、3.9、3.10、3.16、3.17、3.18、3.20、3.23、3.24、3.25、4.2、4.5、4.6、4.7、4.8、4.12、4.13、4.14、4.15、4.25、4.26、5.3、5.9、5.11、5.12、5.13、5.14、5.15、第6章、7.1、7.3、7.5、7.6、7.7、7.8、7.9、7.10、7.11）；

d）修改了部分术语和定义（见3.1、3.2、3.3、3.4、3.5、3.6、7.13、8.1、8.2、8.3、8.4、8.10、8.11、8.12、8.13、8.16、8.22、8.23、8.25、8.28、8.29、8.30，2008年版的2.1、2.2、2.3、2.6、2.8、2.7、7.4、7.2、4.3、4.1、4.4、4.10、4.11、4.9、4.16、4.21、5.4、5.1、5.5、5.6、5.7、5.8）。

请注意本文件的某些内容可能涉及专利。本文件的发布机构不承担识别专利的责任。

本文件由全国节水标准化技术委员会（SAC/TC 442）提出并归口。

本文件起草单位：水利部节约用水促进中心、中国标准化研究院、水利部水资源管理中心、清华大学、中国电建集团华东勘测设计研究院有限公司、中国城市规划设计研究院、中国灌溉排水发展中心、黄河水利委员会黄河水利科学研究院、岜山集团有限公司、西安节能与绿色发展研究院有限公司、深水海纳水务集团股份有限公司、甘肃大禹节水集团水利水电工程有限责任公司、安徽节源环保科技有限公司、黄河勘测规划设计研究院有限公司、北京泽通水务建设有限公司、淄博瀚海水业股份有限公司。

本文件主要起草人：井书光、张继群、白雪、张玉博、白岩、张玉山、刘金梅、朱春雁、李恩宽、付新峰、胡梦婷、宋兰合、吴玉芹、胡洪营、陈卓、蔡榕、孙淑云、陆宝宏、谢宇宁、陈梅、肖军、董四方、朱厚华、任志远、侯坤、钟一丹、赵春红、罗敏、曹鹏飞、胡桂全、李建昌、董延军、王冲、聂思、刘顺利、张希建、马智杰、李文英、吕明明、吕迎智、李海波、战国隆、邢隽、王元元、蒋莹、王煜、彭少明、张伟、肖银平、陈明刚。

本文件及其所代替文件的历次版本发布情况为：

——本文件2008年首次发布为GB/T 21534—2008，本次为第一次修订。

节约用水　术语

1 范围

本文件界定了节约用水相关的水源、生产用水、生活用水、节水灌溉、节水管理和节水指标方面的术语。

本文件适用于生产和生活领域的节约用水工作。

2 规范性引用文件

本文件没有规范性引用文件。

3 水源

3.1

水源　water sources

能够获得且能为经济社会发展利用的水。

注：包括常规水源和非常规水源。

3.2

常规水源　conventional water sources

陆地上能够得到且能自然水循环不断得到更新的淡水。

注：一般包括地表水源和地下水源。

3.3

非常规水源　unconventional water sources

矿井水、雨水、海水、再生水和矿化度大于2 g/L的咸水的总称。

3.4

再生水　reclaimed water

经过处理后，满足某种用途的水质标准和要求，可以再次利用的污（废）水。

3.5

矿井水　mine water

在矿山建设和开采过程中，由地下涌水、地表渗透水和生产排水汇集所产生的水。

3.6

苦咸水　saline water; brackish water

矿化度大于3 g/L的水。

4　生产用水

4.1

工艺用水　process water

工业生产中用于制造、加工产品，以及与制造、加工工艺过程有关的水。

4.2

洗涤用水　washing water

生产过程中，用于对原材料、半成品、成品及设备等进行洗涤的水。

4.3

锅炉补给水　makeup water for boiler

生产过程中，用于补充锅炉汽、水损失和排污的水。

4.4

软化水　softened water

去除钙、镁等具有结垢性质离子至一定程度的水。

4.5

除盐水　desalted water

去除水中无机阴、阳离子至一定程度的水。

4.6

蒸汽冷凝水　steam condensate

水蒸气经冷却后凝结而成的水。

注：也称凝结水或凝液。

4.7

串联水　series water

用水单元（或系统）产生的或使用后的、直接用于另一单元（或系统）的水。

4.8

循环水　recirculating water; circulating water

用水单元（或系统）产生的或使用后的、直接再用于同一单元（或系统）的水。

4.9

冷却水　cooling water

作为冷却介质的水。

4.10

直接冷却水　direct cooling water

与被冷却物料直接接触的冷却水。

4.11

间接冷却水　indirect cooling water

通过热交换设备与被冷却物料隔开的冷却水。

4.12

直流冷却　once through cooling water

经一次使用后直接外排的冷却水。

4.13

循环冷却水　recirculating cooling water

循环用于同一过程的冷却水。

4.14

回用水　reused water

用水单元（或系统）产生的或使用后，经过适当处理被回用于其他单元（或系统）的水。

4.15

损失水　water loss

在水处理、输配、使用及排放过程中，因渗漏、飘洒、蒸发和吸附等原因损失的水。

4.16

水厂自用水　water use in water works

水厂生产工艺过程和其他用途所需用的水。

5 生活用水

5.1

灰水　grey water

除粪便污水外的各种生活污水排水。

注：如冷却排水、游泳池排水、沐浴排水、盥洗排水、洗衣排水等，也称生活杂排水。

5.2

居民生活用水　domestic water

使用公共供水设施或自建供水设施供水的居民日常家庭生活用水。

注：如饮用、盥洗、洗涤、冲厕用水等，包括城镇居民生活用水和农村居民生活用水。

5.3

公共生活用水　public water

用于住宿餐饮、批发零售、公共管理、卫生、教育和社会工作等活动的公共建筑和公共场所用水。

6 节水灌溉

6.1

灌溉用水　irrigation water use

从水源引入用于浇灌作物、林草正常生长的水。

6.2

节水灌溉　water-saving irrigation

根据作物需水规律和当地供水条件，高效利用降水和灌溉水，以取得最佳经济效益、社会效益和环境效益的综合措施。

注：包括渠道防渗、管道输水灌溉、喷灌和微灌等。

6.3

高效节水灌溉　high efficient water-saving irrigation

采用管道系统输水的节水灌溉措施。

注：包括管道输水灌溉、喷灌和微灌等。

6.4

微灌　micro-irrigation

由自然落差或水泵加压形成的有压水流，通过压力管网送至田间专门的微灌水器，以水滴、细小水流形成湿润作物根部附近土壤的灌溉技术。

6.5

喷灌　sprinkling irrigation

由自然落差或水泵加压形成的有压水流，通过压力管网送至田间喷头，以均匀喷洒形式进行灌溉的技术。

6.6

管道输水灌溉　irrigation with pipe conveyance

由水泵加压或自然落差形成的有压水流通过管道输送到田间给水装置，采用改进地面灌溉的技术。

6.7

水肥一体化灌溉　integrated irrigation of water and fertilizer

根据作物需求，对农田水分和养分进行综合调控和一体化管理，以水促肥，以肥调水，实现水肥耦合，全面提升农田水肥利用效率的灌溉方式。

6.8

改进地面灌溉　improved surface irrigation

改善灌溉均匀度和提高灌溉水利用率的沟、畦和格田灌溉技术。

6.9

水稻控制灌溉　controlled irrigation for rice field

在秧苗本田移栽后的各个生育期，田间基本不再长时间建立灌溉水层，不以水层深度为灌溉指标，而是以根层土壤含水量及土壤表相，确立灌水时间、灌水次数和灌水定额的灌溉技术。

6.10

灌区　irrigation district

具有一定保证率的水源，有统一的管理主体，由完整的灌溉排水工程系统控制及其保护的区域。

6.11

作物需水量　water requirements in crop

作物正常生长需要消耗的水量。

注：通常为作物正常生长时的蒸发蒸腾量与构成植株体的水量之和，实际应用中常以正常生长的蒸发蒸腾量作为作物需水量。

6.12

灌水定额　irrigation quota

单位灌溉面积上的一次灌水量。

6.13

灌溉定额　irrigation amount in whole season

作物整个生长期内（或一年内）单位灌溉面积上的总灌水量。

6.14

灌溉制度　irrigation program

根据作物需水特性和当地气候、土壤、技术等因素制定的整个生长期内（或一年内）灌水方案。

注：主要包括灌水次数、灌水时间、灌水定额和灌溉定额。

6.15

灌溉用水定额　irrigation water norm

在规定位置和规定水文年型下核定的某种作物或林草在一个生育期内（或一年内）单位面积的灌溉用水量。

6.16

作物水分生产率　crop water productivity

在一定的作物品种和耕作栽培条件下，单位水量所获得的产量，其值等于作物产量与作物净耗水量或蒸发蒸腾量之比。

6.17

渠系水利用系数　water efficiency of canal system

末级固定渠道输出流量（水量）之和与干渠渠首引入流量（水量）的比值。

注：也为各级固定渠道水利用系数的乘积。

6.18

田间水利用系数　water efficiency in field

灌入田间蓄积于土壤根系层中可供作物利用的水量与末级固定渠道放出水量的比值。

6.19

农田灌溉水有效利用系数　irrigation water efficiency

灌入田间可被作物利用的水量占渠首引进的总水量的比值。

注：通常为渠系水利用系数和田间水利用系数的乘积。

6.20

节水灌溉率　water-saving irrigation rate

一定区域内，节水灌溉面积占总灌溉面积的比率。

6.21

高效节水灌溉率　high efficient water-saving irrigation rate

一定区域内，高效节水灌溉面积占总灌溉面积的比率。

7 节水管理

7.1

节约用水　water saving

采取经济、技术和管理等措施，减少水的消耗，提高用水效率的各类活动。

7.2

计划用水管理　planned water management

依据节水管理制度、用水定额标准与可供水量，对计划用水单位在一定时间内的用水计划指标进行核定、编制调整、下达检查、监督考核、评估的管理活动。

7.3

节水设施“三同时”制度　‘three-simultaneous’of water-saving facilities

新（改、扩）建建设项目节水设施与主体工程同时设计、同时施工、同时投入使用的制度。

7.4

累进制水价　progressive water price

水价随用水量的逐段递增而增加的价格机制。

7.5

合同节水管理　water-saving contracting

节水服务企业与用水单位以契约形式，通过集成先进节水技术为用水单位提供节水改造和管理等服务，获取收益的节水服务机制。

7.6

水效标识　water efficiency label

采用企业自我声明和信息备案的方式，表示用水产品水效等级等性能的一种符合性标志。

7.7

节水产品认证　water-saving product certification

依据相关的标准或技术规范，经相关机构审核通过并发布相关节水产品认证标志，证明某一认证产品为节水产品的活动。

7.8

节水型社会　water-saving society

在社会生产、流通和消费各环节中，通过健全机制、调整结构、技术进步、加强管理和宣传教育等措施，动员和激励全社会节约和高效利用水资源，以尽可能少的水资源消耗保障经济社会可持续发展的社会。

7.9

节水型城市　water-saving city

采用先进适用的管理措施和节水技术，用水效率达到先进水平的城市。

7.10

节水载体　water-saving carrier

采用先进适用的管理措施和节水技术，用水效率达到一定标准或同行业先进水平的用水单位或区域。

7.11

节水评价　water-saving evaluation

对照用水定额及节水管控要求等，评价与取用水有关的特定对象的用水水平、节水潜力、节水目标指标、取用水规模与节水措施，并提出评价结论及建议的过程。

7.12

节水型器具　water-saving appliance

满足相同用水功能，用水效率达到一定标准或同类产品先进水平的器件和用具。

7.13

节水潜力　water-saving potential

在一定的经济社会和技术条件下，可以节约的最大用水量。

7.14

节水管理绩效　water-saving management performance

与节水管理有关的可量化的结果。

7.15

城镇公共供水　urban public water supply

城镇自来水供水企业以公共供水管道及其附属设施向单位和居民的生活、生产和其他各项建设提供用水。

7.16

用水计量　water metering

采用设备设施量测用水户在生产、生活过程中的用水量。

7.17

水平衡测试　water balance test

对用水单元或系统的水量进行系统的测量、计算、统计和分析得出水量平衡关系，查找问题并提出持续改进建议的过程。

7.18

用水审计　water audit

对用水户的取水、用水、节水、耗水、排水和外排水等情况的合规性、经济性及对生态环境影响进行检测、核查、分析和评价的活动。

7.19

水系统集成优化　water system integration and optimization

将整个水系统作为一个有机的整体，按照各用水过程的水量和水质，系统和综合地合理分配用水，使水系统的新水量和废水排放量在满足给定的约束条件下同时达到最小最优的方法。

7.20

水效对标　water efficiency benchmarking

对其水资源利用的相关数据等信息进行收集整理，并与水效标杆进行对比分析、寻找差距和持续改进，提高用水效率的活动。

7.21

用水单元　water-use unit

需要水或产生废水的具有相对独立性的区域、单位（个人）、部门、车间、生产工序或装置（设备）等。

8 节水指标

8.1

用水效率　water efficiency

衡量水的有效利用水平的指标。

注：简称水效。一般可采用单位产品取水量、万元GDP用水量、水的重复利用率、耗水率、农田灌溉水有效利用系数及用水产品水效等级等指标衡量。

8.2

取水量　quantity of water intake

从各种水源或途径获取的水量。

注：包括常规水源取水量和非常规水源利用量。

8.3

常规水源取水量　quantity of conventional water intake

从各种常规水源获取的水量。

8.4

用水量　quantity of water use

用水单位的取水量与重复利用水量之和。

区域取用的包括输水损失在内的水量。

8.5

串联水量　quantity of series water

在确定的用水单元或系统，生产过程中产生的或使用后的水，再用于另一单元或系统的水量。

8.6

循环水量　quantity of recirculating water

在确定的用水单元或系统内，生产过程中已用过的水，再循环用于同一过程的水量。

8.7

循环冷却水补充水量　quantity of makeup water in recirculating cooling water

用于补充循环冷却系统在运行过程中所损失的水量。

8.8

循环冷却水排污水量　quantity of blowdown from recirculating cooling water

在确定的浓缩倍数条件下，从敞开式循环冷却系统中排放的水量。

8.9

锅炉排污水量　quantity of boiler sewage

锅炉排出的含有水渣或含高浓度盐分的水量。

8.10

排水量　quantity of water drainage

完成生产过程和生产活动之后进入自然水体或排出用水单元之外（以及排出该单元进入污水系统）的水量。

8.11

外排水量　quantity of wastewater out-discharged

完成生产过程和生产活动之后排出用水单位之外的水量。

8.12

耗水量 quantity of water consumption

在生产经营活动中，以各种形式消耗和损失而不能回归到地表水体或地下含水层的水量。

8.13

重复利用水量 quantity of recycled water

用水户内部重复使用的水量。

注：包括直接或经过处理后回收再利用的水量。

8.14

冷凝水回用量 quantity of reused condensate water

蒸汽经使用（例如用于汽轮机等设备做功、加热、供热、汽提分离等）冷凝后，直接或经处理后回用于锅炉和其他系统的冷凝水量。

8.15

冷凝水回收量 quantity of recovered condensate water

蒸汽经使用（例如用于汽轮机等设备做功、加热、供热、汽提分离等）冷凝后，回用于锅炉的冷凝水量。

8.16

回用水量 quantity of reused water

用水单位产生的，经处理后进行再利用的污废水量。

8.17

供水管网漏损水量 quantity of water losses for water supply network

进入供水管网中的全部水量与注册用户用水量之间的差值。

注：包括各种类型的管线漏点、管网中水箱水池等渗漏和溢流而造成的损失水量，以及因计量器具性能缺陷或计量方式方法改变导致计量误差上的损失水量、因未注册用户用水和用户水量无查等管理因素导致的损失水量。

8.18

节水量 water-saving quantity

满足同等需要或达到相同目的的条件下，通过采取各类措施，而减少的用水量。

8.19

项目减排水量　water drainage reduction by projects

满足同等需要或达到相同目的的条件下，项目在统计报告期的排水量与基期的校准排水量之差。

8.20

单位产品取水量　water intake per unit product

在一定的计量时间内，生产单位产品的取水量。

8.21

万元GDP用水量　water use per 10 000 yuan GDP

一定时期、一定区域内每生产一万元地区生产总值的用水量。

8.22

万元工业增加值用水量　water use per 10 000 yuan industrial added value

一定时期、一定区域内每生产一万元工业增加值的用水量。

注：不包括火电直流冷却用水量。

8.23

取水定额　norm of water intake

提供单位产品、过程或服务所需要的标准取水量。

注：也称用水定额。

8.24

计划用水率　planned water use rate

列入年度取水计划的实际取水量(含自来水厂用户的计划用水量)占全部供水量（不含居民用水）的比例，或者列入年度用水计划的实际取水户(含自来水厂用户的计划用水户)数占全部取水户（不含居民用水户）的比例。

8.25

工业用水重复利用率　recycling rate of industrial water

在一定的计量时间内，工业生产过程中使用的重复利用水量占用水量的比率。

8.26

节水器具普及率　water-saving appliance popularity rate

公共生活和居民生活用水使用节水器具数占总用水器具数的比率。

8.27

用水计量率　water metering rate

在一定的计量时间和范围内，计量的水量占其全部水量的比率。

8.28

循环利用率　recirculating rate

在一定的计量时间内，一个单元生产过程中使用的循环水量占用水量的比率。

8.29

冷凝水回用率　condensate reused rate

在一定的计量时间内，冷凝水回用量占锅炉蒸汽蒸发量的比率。

8.30

冷凝水回收率　condensate recovery rate

在一定的计量时间内，冷凝水回收量占锅炉蒸汽蒸发量的比率。

8.31

产水率　water production rate

原水（一般为自来水）经深度净化处理产出的净水量占原水量的比率。

8.32

工业废水回用率　reuse rate of industrial sewage

在一定的计量时间内，工业企业的生产废水和生活污水，经处理再利用的水量占排水量的比率。

8.33

浓缩倍数　cycle of concentration

在敞开式循环冷却水系统中，由于蒸发使循环水中的盐类不断累积浓缩，循环水的含盐量与补充水的含盐量之比。

注：也称浓缩倍率。

8.34

供水管网综合漏损率　water loss rate for water supply network system

管网漏损水量占供水总量的比率。

8.35

城市污水再生利用率　urban sewage recycling rate

符合国家、行业和地方水质标准规定的城市污水再生利用量占污水处理总量的比率。

索　引

汉语拼音索引

K

L

N

P

Q

R

S

英文对应词索引

D

G

H

I

R

S

T

U

W
